所以

ANYBODY

真的有
外星人吗

OUT
THERE?

没有

NO

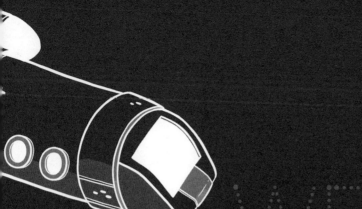

WELL,

好吧

MAYBE...

可能有……

真的有 外星人吗

[爱尔兰]达拉·奥·布莱恩 著

李丰隆 译

[波]卢娜·瓦伦丁 [英]瑞恩·鲍尔 绘

IS THERE ANYBODY OUT THERE?

中国纺织出版社有限公司

Text © Dara O'Briain 2020

Illustrations by Luna Valentine © Scholastic, 2020

Illustrations on pages 106-183 and 222-261 by Ryan Ball in the

style of Luna Valentine © Scholastic, 2020

著作权合同登记号：图字：01-2022-3976

图书在版编目（CIP）数据

真的有外星人吗 /（爱尔兰）达拉·奥·布莱恩著；
（波）卢娜·瓦伦丁，（英）瑞恩·鲍尔绘；李丰隆译
. -- 北京：中国纺织出版社有限公司，2023.5
书名原文：IS THERE ANYBODY OUT THERE?
ISBN 978-7-5180-9609-1

Ⅰ. ①真… Ⅱ. ①达… ②卢… ③瑞… ④李… Ⅲ.
①地外生命 —儿童读物 Ⅳ. ①Q693-49

中国版本图书馆CIP数据核字（2022）第101802号

责任编辑：邢雅鑫　　　责任校对：高　涵　　　责任印制：储志伟

中国纺织出版社有限公司出版发行
地址：北京市朝阳区百子湾东里A407号楼　邮政编码：100124
销售电话：010—67004422　传真：010—87155801
http://www.c-textilep.com
中国纺织出版社天猫旗舰店
官方微博http://weibo.com/2119887771
北京华联印刷有限公司印刷　各地新华书店经销
2023年5月第1版第1次印刷
开本：880×1230　1/32　印张：9
字数：80千字　定价：88.00元

凡购本书，如有缺页、倒页、脱页，由本社图书营销中心调换

目录
CONTENTS

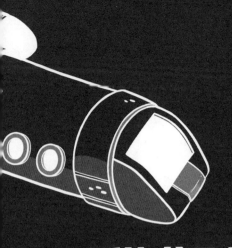

我们是
孤独的吗？

我们是孤独的吗

当你仰望夜空，看到**成千上万颗**闪烁的星星**点缀**着整个宇宙，你可曾想过："在我望向天空的同时，天空外是否有谁也在望向我？"

他们是否也坐在自己的花园里，仰望着他们的星座、**太阳系**和相邻的行星，并在漫天星空中挑出那道由我们的太阳发出的、远道而来的微弱光芒，好奇是否有谁住在**那颗星星**的周围？

我们如何确定，我们看到的每一颗星星是不是被像**地球**一样的行星们环绕着，那里生活着类似地球上的人和动物，也同我们一样有着相同的疑惑？

如果他们确实存在，他们的星球会是什么样的？他们是怎样的**生物**？我们能去拜访他们吗？

如果我们能去拜访他们，那会需要多长时间？我们要乘坐什么样的宇宙飞船呢？

为什么会有这么多问题？这本书肯定不会一味地提问、提问、提问。想必到了某个章节肯定会有一些答案吧？当然，我可以在这本书中用正常的语气陈述一句话，直到在某处我意识到必须用"提问"的语气，就像我现在这样！声调越来越高！问号去哪了？噢！谢天谢地，就在这：❓

我们会有很多疑问，这是因为我们作为会思考的动物提出了最伟大的问题之一：

人类是孤独的吗？是否有其他形式的智慧生命体存在？

但我们也会有一些答案！它们将出现在之后的某一页。我们将学习**太阳系**是如何形成的，**地球**上的生命是如何起源的，在哪里可以找到像地球一样的行星，以及如何向它们发送**一张贺卡**。

在学习的过程中，我们会遇到**脉冲星**，生活在**月球**上的小熊，被四颗星星环绕着的星球，以及世界上**最聪明的章鱼**。

但更令人兴奋的是，有很多问题我们仍然没有答案，很多问题我们只是在研究如何解决，还有很多很多遥远的世界我们才刚刚发现。

让我们回到最初的问题：是否有谁或者什么物体，在太空中回望着你？当我们仰望群星时，我们应该朝哪个方位挥手并说：

"你好"？

外星人？

没有人曾见过外星人

我们对于他们的长相以及生活方式一无所知，对于他们生活的地方、母星的样子更是无从谈起。因此，你很可能觉得写一本关于外星人的书纯粹就是瞎猜。确实，但这种猜测是科学家们和思想家们从几千年前就一直在从事的工作。早在公元2世纪，古罗马作家琉善就写过一次月球之旅，他认为月球上栖息着三个脑袋的秃鹫，大象那么大的蚊子和身体的一部分是葡萄藤的女人，如果你吻她们，可能会像喝了葡萄酒一样醉倒。

由于我们可以很轻易地看到月球，它显然是最令人好奇的星球，但太阳系中的大多数星球，或者至少是肉眼可见的行星（水星、金星、火星、木星和土星），与人类已知的大多数事物一样，人们对它们的了解已经很久了。它们受到关注也并不奇怪，尽管它们和星星一样都在天上，但是它们和星星相差甚远。

星星

在各自的星座中，年复一年地在天空中旋转，假装成狗、武士、蛇或者其他**星座**的形状。偶尔（非常偶然，可能每300年出现一次），我们能从地球上看到一颗恒星变成**超新星**，恒星的燃料用完后，就会坍缩并且爆炸，就像是一个小孩在吃糖，但是糖吃完了，他就会崩溃并且哭得超大声。超新星在几周或几个月的时间里**会持续发光**，然后重新陷入黑暗中，接下来它要么成为一个质量和密度都非常大的**中子星**，要么它的密度真的很大的话，就会形成一个**黑洞**。或许以后我会告诉你更多关于超新星的事，它们真的超乎寻常。

一般来说，当星星不**爆炸**的时候，它们表现得相当有规律。

我们太阳系中的**星球**，都在自己的轨道上绕着**太阳**

转，我们与它们时而近、时而远，这意味着在我们眼中它们似乎沿着天空较低的位置**进进出出**，不停地徘徊。事实上，它们的英文名字 planet 来自希腊单词 planetes，意思是"流浪者"。天文学家发现了这些星球，并开始怀疑它们是否可以像地球一样孕育生命。绝大多数时候，天文学家们眯着眼仰望天空，或者后来眯着眼通过望远镜看天空，看到的**模糊图像**对于回答这个重大的问题都没什么帮助。

火星上的运河

1877年，意大利天文学家乔范尼·弗吉尼奥·夏帕雷利（**快说10遍！**）用望远镜绘制了火星地图，发现了遍布整个星球的黑线，他称之为 channels（通道），意大利语为 canali。这个词后来被错误地翻译成英语 canals（运河），**引起了一场巨大的骚动**，起因是不知道谁提出的一个鬼点子：如果这些暗线是运河，那么它们一定是被谁建造的，就像地球上的运河一样。那么是谁做的呢？**一定是外星人！**

火星上的运河让人们彻底失去理智。 业余天文学家帕西瓦尔·罗威尔建造了自己的天文台，并绘制了一幅被运河覆盖的火星地图。他还做了很多**受欢迎的演讲**，并写了**三本**关于火星的书，详细阐述了他的理论，即火星的**水资源**即将耗尽，必须利用运河将南北两极融雪中的水输送到赤道，以维持火星人的生命。当然，不管你的**望远镜**有多好，要清楚地看到火星表面是**非常困难的**，而且这些**地图**还是根据记忆画的，快速地瞥一眼火星表面，然后结合印象记录下来。一旦这个想法被灌输到人们的脑海中，他们就只能看到他们想看到的东西。

火星运河游船

观察太空中事物的能力经常被夸大，成年人经常会在这个问题上判断错误。如果问一个成年人，站在月球上看地球，唯一能看到的人造物是什么。他们会说："啊哈！肯定是中国的长城！"因为这是他们一直被告知的，而且这听起来很酷。当然，这不是真的，很多宇航员已经证实了这一点。如果条件允许的话，从一个距离地球表面的较低的轨道可能会看到中国的长城，但并不是在太空中的任何地方都能看到。按照刚才那个说法，要想从月球上看到中国的长城，人类的视力需要比现在好17000倍。在国际空间站（ISS）上最容易看到的人造物其实是地球上的城市，尤其是在夜晚灯火通明的时候。如果你的母亲是一名空间站的宇航员，而你想在地上写"我爱你，妈妈"，这样当她飞过时，她就可以用肉眼看到这些字，那么每个字的高度必须达到2千米。所以还是给她发个短信吧，空间站的网络很好。

我爱你，妈妈

　　"火星上的运河"这一主张一直持续到人们开始拍摄火星照片而不是绘制草图才得以结束。尽管如此，认为火星人比**金星人**或**土星人**更有可能成为我们外星伙伴的想法已经根深蒂固。

　　然后，飞碟出现了……

天空中那是什么

在20世纪五六十年代，疑似外星人入侵的目击事件突然激增。"飞碟"一词被认为是美国商人肯尼斯·阿诺德的错，他声称在华盛顿州的喀斯喀特山脉看到了许多外星飞船。他说："它们就像一个一个的碟子，能打水漂。"

据推测，他是在解释它们的飞行方式，但"飞碟"这个名字一直存在。几十年来，世界痴迷于碟形、三角形和雪茄形的外星飞船模糊照片，这些飞碟显然都来自遥远的星球。许多目击事件其实都是军用飞行器的原型机，例如，美国人在20世纪80年代投入使用的三角形"隐形轰炸

机"。有些是不太常见的云层或气象气球，有些只是**糟糕**的照片。

当然，我们不能肯定地说外星飞碟没有访问过地球，但在过去的二十年里，几乎全世界的人都随身携带相机了，然而关于外星飞船**模糊照片**的创作却几乎枯竭了。也许外星人比我们想象的更注重隐私？

但在这期间，当整个世界都在为那些模糊的、形状奇怪的云层照片而激动不已，并相信经常有外星人造访地球时，科学家们在干什么呢？

当世界需要科学家的时候，他们在哪里？

他们当时在吃午饭。

别拍照，谢谢！

非常聪明的悖论

在第二次世界大战期间，美国建立了许多实验室来聚集非常非常聪明的人来研究核能。他们当中有一个非常非常非常聪明的人，他创造了世界上第一个核反应堆，他就是著名的**费米悖论**之父——恩利克·费米。悖论是一种听上去很高明的命题，但当你仔细思考时，你会发现它的结论是**矛盾的**。

某一天的午餐时间，他与同事们讨论关于高速太空旅行的话题。这是非常非常聪明的人之间的对话，但人们只记得费米说过的话，因为他非常非常非常聪明，比其他人要更聪明一个"非常"。就像历史上人们提出的很多非常非常非常聪明的观点一样，费米提出

的观点可谓是聪明绝顶，因为它非常非常非常简单。当同事们正在讨论超光速旅行能否实现的时候，费米突然喊道："**可是它们在哪儿呢？**"就这样，费米提出了这个**聪明绝顶的观点**。

下次你吃午饭的时候，也应该试着**大声喊出来**，看看科学家是否会以你的名字命名一个悖论。

"**兄弟，要不要再来点薯条？**"

"**可是它们在哪儿呢？**"

"**（薯条）就在桌子上，就在你面前……**"

（这也不是一个糟糕的悖论：他太想吃薯条了，以至于看不到它们就在面前……）

我来解释一下费米这句话著名的原因，他总结了反对外星生命存在的全部论据。当他说"它们在哪儿呢"的时候，他的意思其实是：银河系中有**数十亿**颗星星，如果它们中的某一些形成了太阳系，那么就有可能存在一个像地球一样的行星。将"一些"的可能性乘以数十亿颗恒星的数量，这就意味着有很多像地球一样的行星存在。这些行星已经存在**很久**了，所以很有可能会出现像地球一样的生命，可能进化得比我们慢，也可能**更快**。作为地球人，我们已经开始发展在太空中穿梭的技术，如果银河系中某些像地球一样的行星拥有比我们更加先进的文明，那么他们就有足够的技术支持他们穿越银河系造访地球。

所以，它们在哪儿呢？

一个让你头脑开始飞转的猜想：我们从未发现过时间旅行者。如果在未来某一时

刻，时间旅行被发明了，难道不会有游客吗？然而，**从未有人见**过时间旅行者，如果有人曾见过他们，那可是个大新闻。既然我们从未见过时间旅行者，那可能意味着时间旅行**永远不可能被**发明出来。（另一个让你头脑飞转的猜想：这也许只是意味着我们不可能回到过去，但没准可以穿越到未来。）

费米悖论很有趣，因为它试图用**非常庞大的数字**（太阳系中星星的数量）对抗**非常微小的概率**（在另一颗行星上进化出生命的可能性）。既然我们在挖掘**恐龙化石**的时候，并没有发现过任何外星人或找到过他们的**宇宙飞船**，那么似乎是那个**非常微小的概率**获胜了。也就是说，生命出现在行星上的概率比我们想象的要小得多，这令人很失望。

这种思考方式的另一个例子是以天文学家法兰

克·德雷克的名字命名的德雷克方程，他试图计算出我们

找到智慧生命的可能性。就像费米悖论一样，他把所有的

庞大数字（银河系内数十亿颗星星的数量乘以星星周围可

能存在的行星数量，再乘以行星的生命周期）和非常微小

的概率相结合（能孕育生命的概率乘以演化出智慧生命体

的概率，再乘以这些智慧生命体发明出宇宙飞船、无线电

广播或其他可以让我们观测到的东西的概率）。把一个庞大

的问题分解成一系列小步骤是一种聪明的做法，其中的每一个步骤都值得深入研究。如果你幸运的话，那些庞大数字的比重可能会压过那些微小的概率，那么你发现生命的概率就会变大。如果你真的很幸运，他们会用你的名字来命名这个方程。

谁不想拥有以自己名字命名的公式呢？那就快试试用大数字乘以小概率吧！

例如，你现在有多想吃糖果（大数字），乘以如果你有机会的话，你要吃多少颗糖果（非常大的数字），乘以你向你的爸爸妈妈或班主任索要到这些糖果的概率（微小的概率）。通常情况下，你的爸爸妈妈给你的糖果数量是相当不同的，而你的班主任只会给你非常少的糖果。试试吧，下次你见到他们就说："给我一些糖果吧！"看看你会得到什么。

聆听生命的声音

法兰克·德雷克所做的不仅仅是发明了一个公式，他还提出了一种寻找外星生命的方法，即宇宙飞船并不是让我们进入宇宙的唯一途径。人类播放的每一个广播或电视节目都在从地球向外太空发射信号。无线电波是我们所说的电磁辐射的某种形式，电磁辐射是包括你看不见的、不同类型的光的一种花哨说法。所有的光、无线电波、微波、X 射线以及电负荷，都是通过**能量波动**在我们周围的电磁场中时时刻刻进行着传播。这对你来说可能是个不熟悉的概念，放心，你现在只需要知道下

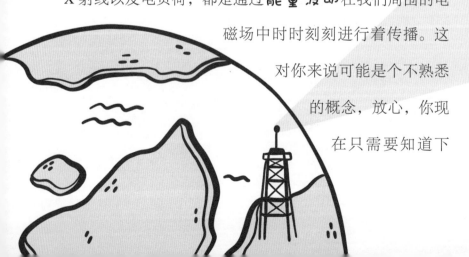

面这两件事就可以了：

无线电波以光速传播，所以它非常快，而且……

用合适的"望远镜"就能"看到"它们。

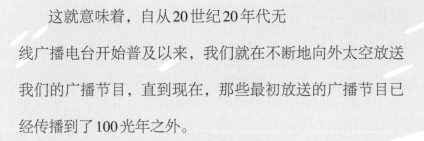

这就意味着，自从20世纪20年代无线广播电台开始普及以来，我们就在不断地向外太空放送我们的广播节目，直到现在，那些最初放送的广播节目已经传播到了100光年之外。

在距离地球100光年的范围内，存在500多颗类似太阳的恒星，还有其他大约14000颗不同类型的恒星。那么，在这些太阳系中，是否有一颗星球正在收听我们过去的广播节目，就像在听一个巨大的、星际版的古典音乐广播电台呢？

唔，有一个小问题。一旦无线电波离开地球，它会向空间中的各个方位扩张，就像一个**越来越大的球体**，因此无线电波最初携带的能量会随着它离开地球距离的增加而变得**越来越小**。早在到达100光年之前，无线电噪声就与宇宙的背景噪声难以区分。但是如果反向思考，这个原理就会很有趣。假设我们有一个足够灵敏的"望远镜"，我们能够探听到外星文明吗？法兰克·德雷克已经做出了尝试。

1960年，他在美国西弗吉尼亚州格林班克天文台工作了一段时间，他使用一个**相当巨大的望远镜**对准了附近的两个类日恒星（与太阳特别相似的恒星）：天仓五，又称为鲸鱼座T星（Tau Ceti，距离我们11.9光年）和天苑四（Epsilon Eridani，距离我们10.5光年），寄希望于听到遥远文明的声音，然而这一努力没有得到任何明确的结论。德雷克之后创立了外星智慧生物搜寻计划（SETI），该组织现在主要分布于阿根廷、澳大利亚和美国，利用天文望远镜

对宇宙进行调查。

　　他们不仅搜寻**无线电广播**，也搜寻激光脉冲。宇宙
非常广阔，近年来我们对遥远的恒星有了更多的认识，对
围绕它们运行的行星也有了更深入的了解，因此他们的搜
索范围得以不断缩小。

　　多年来，SETI 一直通过"借用"别人的无线电望远镜

缩小观测的范围（如在别人不用的时候，体验一下别人很酷的自行车）。他们还没有收到任何决定性的信息，但搜索的规模正在扩大。SETI 最近宣布，多亏了微软公司的联合创始人保罗·艾伦的一笔巨额捐款，他们已经建造了自己的专用望远镜阵列，使他能够在未来的 20 年里将搜索范围从 1000 颗恒星扩大到 100 万颗。

那么，这就是我们寻找外星生命的方式吗？尽管对着天空竖起耳朵仔细听肯

定要比坐火箭飞几百光年便宜得多。

有时候，当你仔细聆听太空时，你会发现一些比外星人更意想不到的事情……

小绿人（Little Green Men）？

1967年，剑桥大学的科学家和学生利用杆子和电线，在野外建造了一个大型但简陋的无线电望远镜，以此在天空中观测来自遥远天体的无线电信号。其中一个学生，约瑟琳·贝尔（现在被称为约瑟琳·贝尔·伯奈尔女爵，**剧透警告**——她要做一件了不起的、具有历史意义的事件）注意到，有一个信号的脉冲展现出了机械的规律性。它每隔1.3秒闪烁一次，然后熄灭，再过1.3秒又闪烁一次。这种规律性相较于宇宙自然产生的背景噪声是非常反常的，以至于约瑟

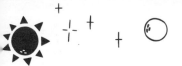

琳和她的教授戏称它为"LGM-1"，意思就是小绿人1号。难道真的只有外星文明的广播才能发出如此规律的无线电信号吗？

学校立刻开会讨论如何应对这个信号，一些教授为了避免引起混乱，甚至建议放弃收集到的这些数据，主张不要宣布他们发现了外星生命。然而，约瑟琳做了所有优秀科学家都会做的事——把注意力集中在研究这些数据上。再次对数据进行了仔细的甄别后，她又发现了另一个来自不同方位的信号，但这个信号每隔1.5秒闪烁一次。不可能有两个完全不同的、遥远的文明以完全相同的方式向地球发出信号，科学家们大概是发现了一种新的自然现象。

他们发现的是脉冲星：恒星所有的燃料燃烧殆尽后坍缩成的中子星，它的密度非常大，一茶匙中子星的重量等同于地球上一座城市的重量。

不过脉冲星的发现令人格外兴奋，它们在坍缩时开始旋转，并向宇宙发射大量无线电波束。脉冲星就像夜晚的灯塔一样忽明忽暗，它的无线电波像塔顶的灯光一

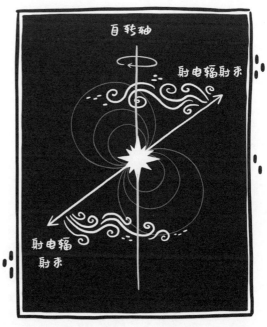

样不停地扫过我们。脉冲星是如此有规律，以至于它们可以被用作天文钟，也因为它们非常容易被识别，有一天可能被用作星际旅行的导航信标。约瑟琳没能发现外星人，但她反而可能发现了宇宙地图，这对于在野外工作的人来说是个好消息。

你想见见
外星人吗？

如何建造一颗星球

寻找外星生命是一项**艰巨的任务**，它需要不断地观测整个宇宙。为了让这个问题变得简单点，我们可以试着像那些伟大的科学家一样，**把一个庞大的问题分解成若干个稍微小一点的问题**，然后看看我们能否解决这些小问题。

让我们来思考一下，我们在宇宙的什么地方可以发现生命？

也许可以从这里开始——**地球**。

地球上的生命真的很繁荣，你可以回忆一下在去学校路上遇到过的交通堵塞，或是在野地里搬起一块石头，看到下面的昆虫四散奔逃，相信你已经明白了我想表达的意

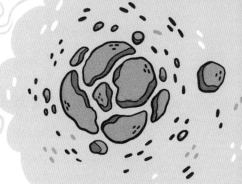

思。地球上有很多生命，也许了解地球上的生命如何诞生，将有助于我们寻找那些**外星生物**。

让我们快速浏览一下地球孕育生命的历史，先从生命出现之前说起，事实上，我们就应该从地球出现之前开始说起。

毕竟生命需要一个赖以生存的环境，所以我们要解决的第一件事就是：**如何建造一颗星球？**

首先需要有一颗恒星提供一点点能量来为我们的新星球创造条件，幸运的是，行星和恒星都是由相同的东西构成的：**由气体和灰尘构成的一片纯粹的、庞大的云。** 是的，灰尘。用手指在你能够到的最高的架子上抹一下。你发现了什么？灰尘。没有它，我们就不会存在，**生命的故事就是从灰尘开始的。**

你瞧，太空并不像"太空"的名字所意指的那样是空的。

最初发生的是宇宙大爆炸，在这个时期，宇宙空间不断地膨胀，因为这一切发生得如此之快，天地万物在天旋地转中被震惊得目瞪口呆。最终（大约380000年后），宇宙冷却到足够的程度，万物不再相互碰撞，于是构成万物的基本粒子——电子、质子和中子开始结合，形成最简单的原子。因为它们只由一个质子和一个电子组成，它们不会比氢原子更简单，也不会比氢原子更常见，这意味着在初期的宇宙中漂浮着很多很多的氢原子，组成了大片的氢云。

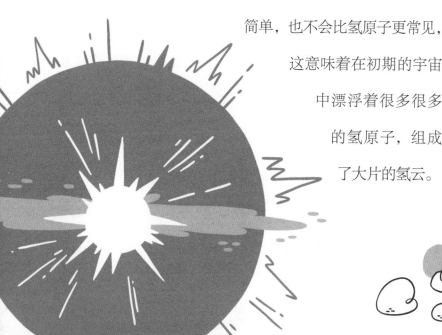

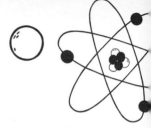

1. 取一个质子。

制造你自己的氢！

2. 取一个电子。

鞋上面是什么？

一团橡皮泥。

3. 完成！

  每当我讲关于太空的话题时，我都要用我最喜欢的一个词来形容世间万物是如何在一瞬间形成的，那就是……

"**聚合**"。在未来的生活中你不会经常说"**聚合**"，但这是一个很棒的词。聚合就是把一些物体聚集在一起形成不太均匀的块状物，就像刚才你用手指把架子上的灰尘搓成一堆一样。当你玩**橡皮泥**的时候，为了清理弄得到处都是的泥渣，你会用一大块橡皮泥在所有的小块上面滚一圈，使它们**黏在一起**，形成一个**巨大**的橡皮泥**团块**——一种高质量的聚合。

聚合

团块

捏扁的恒星

我们知道了宇宙初期漂浮着大量的氢原子，它们很轻，但它们的重量依然可以产生一定的重力，就像我们起跳腾空然后落地，有重力的物体会把其他物体拉向它们。重力将这些漂浮的氢原子聚集在一起，形成越来越大的团块，最终团块越变越大、越变越重，以至于中间的氢原子被挤压得非常紧密，直到——令人惊讶的是——它们形成了氦原子，这是第二简单的原子。在这个过程中，大量的能量被释放出来。紧接着，变！一颗恒星诞生了。

你知道吗，当你把一块面包捏在手里，不断地使劲挤压，它最后就会变成一块巧克力。这是真的！什么？你试了不行吗？可能只是**你捏得还不够用力**。下次你和很多人一起吃饭的时候再试一次，他们会**很兴奋**地看你表演。

无论如何，恒星"燃烧殆尽"了所有的氢原子

氢 H						
锂 Li	铍 Be					
钠 Na	镁 Mg					
钾 K	钙 Ca	钪 Sc	钛 Ti	钒 V	铬 Cr	锰 Mn
铷 Rb	锶 Sr	钇 Y	锆 Zr	铌 Nb	钼 Mo	锝 Tc
铯 Cs	钡 Ba	镧 La	铪 Hf	钽 Ta	钨 W	铼 Re
钫 Fr	镭 Ra	锕 Ac	𬬻 Rf	𬭊 Db	𬭳 Sg	𬭛 Bh

元素周期表

铁 Fe				
钌 Ru				
锇 Os				
𬭶 Hs				

铈 Ce	镨 Pr	钕 Nd	钷 Pm	钐 Sm
钍 Th	镤 Pa	铀 U	镎 Np	钚 Pu

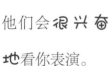

（把它们挤压成氦原子），当氢原子消耗殆尽后，氦原子又开始被挤压在一起，并变成更复杂的元素，如**碳**或**氧**。有时，根据恒星的大小，在整个过程的最后会产生一次**巨大的爆炸**，被称为**"超新星"**。在这个过程中，会不断产生质量更大、结构更为复杂的元素，这些元素不断地罗列，最终组成了我们的"元素周期

						氦 He
硼 B	碳 C	氮 N	氧 O	氟 F	氖 Ne
铝 Al	硅 Si	磷 P	硫 S	氯 Cl	氩 Ar

镍 Ni	铜 Cu	锌 Zn	镓 Ga	锗 Ge	砷 As	硒 Se	溴 Br	氪 Kr
钯 Pd	银 Ag	镉 Cd	铟 In	锡 Sn	锑 Sb	碲 Te	碘 I	氙 Xe
铂 Pt	金 Au	汞 Hg	铊 Tl	铅 Pb	铋 Bi	钋 Po	砹 At	氡 Rn
鐽 Ds	錀 Rg	鎶 Cn	鿭 Nh	鈇 Fl	镆 Mc	鉝 Lv	鿬 Ts	鿫 Og

钆 Gd	铽 Tb	镝 Dy	钬 Ho	铒 Er	铥 Tm	镱 Yb	镥 Lu
锔 Cm	锫 Bk	锎 Cf	锿 Es	镄 Fm	钔 Md	锘 No	铹 Lr

表"。这就是我们获得这些元素的方式。顺便分享一下我之前常说的一句话，这句话非常耐人寻味：**你身体里的每一个原子都来自恒星的心。**你现在可以感受一下，这是多么神奇的事情。

好了，让我们回到灰尘的问题上！

你刚才在架子上摸完灰尘之后洗手了吗？快去吧，我会等你的。

把手擦干了吗？好极了。

这个过程一直在发生——恒星形成，然后爆炸，释放出更重的元素。**宇宙中遍布着巨大的尘埃云。**如果你想看看它们，那就在夜晚仰望**猎户座**吧，它是所有星座中最酷的一个。最明显的三颗星星横跨在猎户座中间形成它的"腰带"，从"腰带"上垂下来的另外三颗星星则是它的"佩剑"，你会发现中间那颗星星看起来有点"模糊"。

如果用望远镜对准这片模糊的区域，你会发现这不是一颗恒星，而是一片由气体和尘埃组成的庞大的星云，它被称作**猎户座星云**，是距离地球最近的恒星形成区之一。它距离我们"仅仅"1344光年，差不多是12500万亿千米，这也是为什么它看起来有点模糊。

整片星云的总质量是太阳的2000多倍，据说那里有700颗不同的恒星正在诞生。

我们的太阳系：故事的起源

在我们的太阳系诞生之前，有那么一片气体云，像其他气体云一样静静地漂浮在太空中。偶尔，这些气体云会受到来自外界震动的影响，如附近的**超新星**所产生的余震，这些尘埃和气体会**聚集**成一个新的云团，恒星漫长的形成之路就这样开始了。

与45亿年前**太阳系**形成的过程类似，太阳最初是由尘埃和气体组成的云团形成的，随着质量和

引力的不断增大，它吸收了云团中99%以上的物质。

最后的1%听起来可能不多，但它在我们的故事中起到了**至关重要**的作用。

云团留下的尘埃和气体并没有被拖入这颗新星。相反，这颗**旋转恒星**所带来的引力将其外部留下的尘埃压平，形成一个圆盘，然后带动圆盘旋转。所有行星都是由这个充满灰尘的旋转圆盘形成的。正如我们开始看到的，它们是通过**聚合**形成的。

在这个尘埃圆盘不断旋转的过程中，团块开始形成，并由此聚集了更多的尘埃，就像当你的手指在满是灰尘的架子上抹来抹去，聚集了更多的尘土一样。越攒越大的团块聚集越

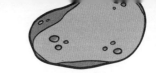
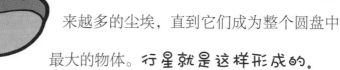

来越多的尘埃，直到它们成为整个圆盘中最大的物体。**行星就是这样形成的。**

让我们快进到这些行星形成的时候，看看我们的太阳系在45亿年后变成了什么样子。正中间正在燃烧的是太阳，在太阳的周围，我们发现了四颗小型的岩态行星：**水星、金星、地球和火星。**

这些行星的外侧是**小行星带**，聚集了更多、更小的岩石，它们基本上都是没有形成行星的岩石碎片，并不擅长聚合。

在小行星带的外侧，我们会看到**气态巨行星：木星、土星、天王星和海王星。**它们看上去比四颗岩态行星要大一些，但构成它们的元素要比岩态行星轻很多。如土星，尽管它非常庞大，但实际密度很低，它可以浮在你的浴缸里，前提是你有一个足够大的浴缸。

很多人尝试总结行星顺序的记忆口诀，但我发现这些

没有人愿意和我聚合。

口诀比行星本

身更难记住。你可以

这么记：太阳系以 Sun 太阳

开始，以 "S，U，N" 结尾，也就是

Saturn 土星、Uranus 天王星和 Neptune 海王星，然后再

去填补中间的空白会更加容易。

　　在这些气态巨行星的外围是柯伊伯带，和小行星带类似，柯伊伯带是由岩石和行星的碎片组成的，这些碎片并没能够聚合在一起。"老可怜"冥王星就在这里围绕太阳运转，它没能大到足以成为一颗行星，因此失去了被称作行星的资格，尽管它一度被认为是一颗行星。我们会避免在冥王星面前谈论这个话题，但我们知道它一直匿名写

信给国际天文学协会询问自己是否能再次成为一颗行星。

冥王星的外面是奥尔特云，它是由岩石、尘埃、彗星和小行星组成的一个巨大的球体云团，包围着我们的太阳系。你可能听说过彗星需要隔很久才会从我们身边经过一次，如哈雷彗星，我们每76年才能看到它一次。这些就

FORM: 挂念的人

FORM: 小行星带

FORM: 冥王星博士

TO:
国际天文学协会
银河系
地球街道

是奥尔特云的天体，在整个太阳系中划出巨大的轨道，因为受到行星的引力而被拉出它们孤独而遥远的轨道，转而围绕太阳系运行。

所以，我们的行星系统充斥着岩石，岩石，岩石，岩石，还有气体，气体，气体，气体。

这是因为太阳是一个既庞大又结实的恒星，它专横地支配着一切，要么把附近所有较轻的元素拉向自己，要么就用辐射把它们推到更远的地方。大量较重的尘埃留了下来并聚合在尘埃盘中，形成了我们今天熟知的那些又小又重的内行星，包括地球。

球形层的庇护

这一漫长的过程造就了我们的岩态行星、稀薄的大气层和**重金属内核**，所有的这些都是生命在地球上生存的关键。

我在书中多次强调，宇宙是一个难以生存的地方。我们居住在这里，并不意味着它适合生存，只不过我们没有选择的余地。我们之所以能在地球上生存，是因为我们被一系列可以保护我们的无形球体层层包围。

其中最大的是日球层，它是一个由太阳产生的巨大磁场（比太阳系大得多）。日球层非常重要，因为有一种叫作"宇宙辐射"的东西，这是一种危害极大的、无益的东西。概括来说，就是一些原子**碎片**以接近**光速**的速度不停地扫荡整个宇宙，它们会消灭遇到的任何形式的生命。**这就是宇宙辐射**，真可怕!

如果它穿过人体，就会损害细胞，导致癌症等严重疾病，这就是人们在核电站周围要非常小心的原因。同样，如果你在医生或牙医那里做 X 光检查，记得要与机器保持一定的距离。**你必须避免直接暴露在辐射下。**

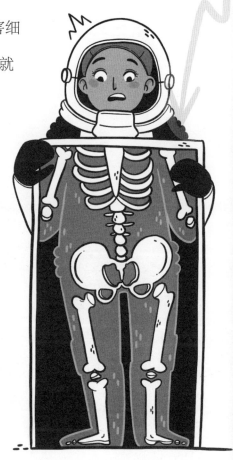

宇宙辐射是一种兼具高能量与破坏力的辐射，即使是短暂地暴露在辐射下，也会对我们的健康造成极大的危害。

幸运的是，我们有太阳和它的磁场保护！日球层使宇宙辐射偏转，使其不至于杀死太阳系中的所有生命，包括人类。

这就像是太空中一直在下雨，但太阳撑起了一把大伞，让我们不至于被淋成落汤鸡。当然，我只是开个玩笑，太空中是不会下雨的。

日球层就像太阳系的边界，当你穿过它时，就脱离了太阳的管辖范围，交由宇宙接管。我们在日球层里享受着太阳的庇护。

这是第一层保护，然而太阳也会释放出辐射，至少有一些是你熟悉的，如我们会被太阳晒黑。

而太阳的辐射远不止这些，**所以我们很幸运有第二层球体保护。**

地球内核中的铁让我们也有自己的磁场，因此指南针才可以正常工作。地球的磁场可以将辐射反射出去。辐射偏转的具象化表现就是**北极光**——绚丽多彩、璀璨壮丽的蓝绿光带划过夜空。太阳辐射被地球磁场充能，直到被反弹并释放能量，从而在夜空中呈现出壮观的灯光秀。我们称它们为北极光，主要是因为它们只在非常北方的地方出现。当然，还有南极光，当你接近南极时就可以看到。

金星和火星（以及月球）没有金属核，所以它们不能产生磁场。如果没有适当的辐射防护措施，这些

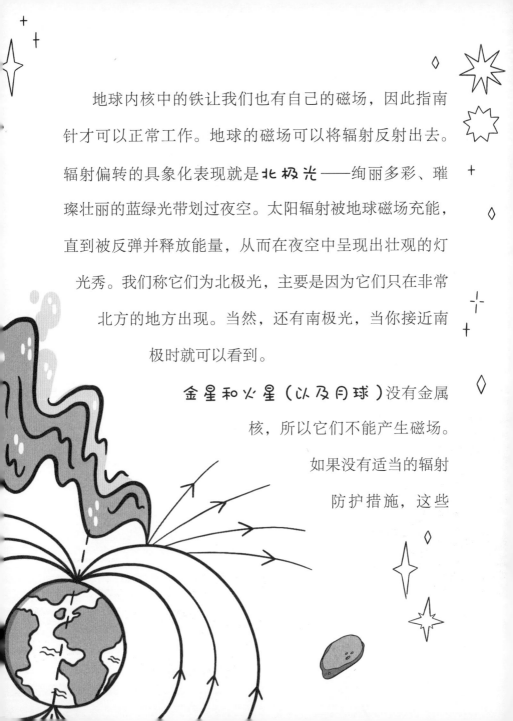

星球对于人类而言就非常危险。任何对这些行星（甚至月球，它在地球的磁场之外）的探索任务都必须考虑到辐射对人类健康可能造成的损害。

关于大气层

最后是最重要的球形保护层——大气层，即环绕地球的一层薄薄的气体层。大气层可以延伸到距地球300千米

的高空，但那里的空气就非常**稀薄**了。我们一般认为大气层的边界是距地面100千米左右的位置，这便是外太空的合法起点。也就是说，不到达100千米的高度，你就不能被称作宇航员。

虽然100千米听起来很高，但整个地球的半径大约是6300千米，所以我们的大气层只占地球半径的1.5%。**它是最狭窄、最精妙、对生命最重要的东西。**如果我们拿一个潮湿的足球来类比地球，那么所有我们熟知的生命，都存在于表面那层薄薄的液体层中。

在我们的认知中，这层气体的存在是理所当然的，我们每天都"**浸泡**"在其中，但并不是每个行星都像地球这样将陆地与空气**完美结合。**

水星，

离太阳最近的行星，根本没有大气层，也没什么乐趣可言。它离太阳如此之近，以至于所有较轻的元素都被吹走了。水星上的一年是太阳系所有行星中最短的，**它绕太阳一周只需要88天。**然而，水星上的"一天"（自转一周所需的时间）真的很长，大约是59个地球日。所以当它绕太阳公转时，它会慢慢地自转，就像超市里烤架上的烤鸡一样。

水星朝向太阳的一面会被加热到450摄氏度，是水沸腾所需温度的4倍以上。与此同时，由于没有大气层来保持温度，水星的另一面会被黑暗的太空冷却到零下170摄氏度，这远远超过了水结冰所需的温度。水星就这样慢慢地从极热转到极冷。

如果水星有大气层，狂风就会把热量从行星的一侧带到另一侧，这可能会使表面温度平衡一些。但如果水星上

有生命，它们将不得不忍受以每小时数百千米的速度迎面

吹来的风，水星人交流时需要提高嗓门了。但水星没有大

气层，在这种极端环境下，生命无法生存。

金星

金星 有大气层，但我之前说过很多次，**金星很可怕，别去！** 它比水星还要热，因为大气层将所有的热量留存在了金星上，再加上375千米/小时的风速（约100米/秒），以及大气层还由灼热的酸组成。即使我们成功地将无人驾驶的宇宙飞船在金星上着陆，它们"存活"的时间也短得可笑。

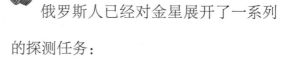

俄罗斯人已经对金星展开了一系列的探测任务：

· **金星3号** 在1966年坠毁于金星表面，这听起来像是一次失败的任务，但它仍然是第一个人类制造的着陆到其他行星的探测器。

· **金星4号** 的电池在降落时耗尽了。

·**金星5号和6号**被巨大的大气压碾碎了。

·**金星7号**成功着陆并发回了令人振奋的消息——金星地表温度为455 ~ 475摄氏度，随后它就停止了工作，主要原因就是金星地表温度为455 ~ 475摄氏度。

·1978年，美国航空航天局（NASA）发射了金星探测器（Venus Multiprobe），它由四个独立的探测器组成。然而只有一艘到达了金星表面，并且存活了45分钟。

·**金星12号**存活了110分钟！近两小时！和一部电影一样长！然后，也被金星摧毁了。

这是我们做过的最大的努力了。

金星很可怕。

地球神奇的大气层

让我们看看地球美好的大气层吧。深吸一口气，很美好，不是吗？**大气层对地球上的生命至关重要！** 除了它能让我们呼吸之外，还有很多原因。

首先——最重要的一件事——如果没有大气层，我们就不能扔纸飞机。说真的，试想，如果我们走进一个房间，使劲吸气，接着把空气

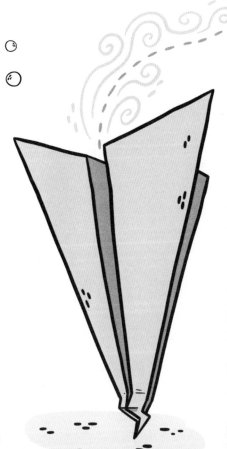

从门上的钥匙孔或烟囱里吹出去，直到房间里只剩下一口气。然后很快地吸完最后一口气，叠一个纸飞机，扔出去，看着它马上掉到地上（**就在你晕过去之前**）。

事实上，不要做我说的这些。这完全是愚蠢和不可能的，如果一个成年人跟你说这些，请给他一个严厉的眼神，并且不要再相信他。**纸飞机能飞是因为它们在空气中的分子上滑翔。**如果不是充斥着空气，它们根本无法飞行（比它们更大、更重的金属表亲——**真正的飞机，以及鸟类**，都不能飞行）。

同样，如果没有大气层，就没有风，所以风筝、风车和旗子就只能软绵绵地垂下来。然而，大气层有更多让我们为它喝彩的理由。

比如**温度**，这层薄薄的气体羽绒被子设计得非常完美，可以让地球保持适宜生命生存的温度。**太阳光被空气分子吸收**，并通过天气的变化在地球上传播，即使地球的某些地区没有受到光照，大气层也会将来自地表的反射能量保留下来，从而防止夜半球变得太冷。还记得水星在自转过程中，是如何从炙热变成冰冷的吗？这些都与我们无关。

虽然你可能会感觉到温度的变化，比如你穿着短裤从一个炎热的度假胜地登机，然后在一个寒冷的冬季机场着落，但它不会像"**骤降300度**"那么糟糕。

月球也没有大气层，因为它的引力太小，无法驾驭大气层。月球的温度也会剧烈地变化，从阳光照射下的127摄氏度到背阴处的零下173摄氏度。

月球对我们是"潮汐锁定"的，这意味着随着时间的推移，它的自转和公转会变得同步。这就是为什么我们从地球上看到的总是月球的同一面。抬头看看月亮，记住所有不同的斑块和环形山，然后不经意地看向别处——趁月亮不注意的时候快速转回来！看！一模一样。月亮从来没有被这种把戏逮住过，它总是隐藏着它的背面。

大气层也非常擅长在地球上搬运水，以天气的形式不停地运动。水会从海洋中蒸发，形成雨水落在山上，再流回大海，因此地球上的所有生物都能得到水的供给。如果我们没有大气层，水就会从地球表面蒸发，我们只能发掘深藏在地表下的水资源，如果你渴了或者想给花园浇水，这就非常麻烦了。

你想要知道更多关于为什么大气层是如此鬼斧神工的事情吗？

之前，我们提到了宇宙辐射，而大气层是抵御辐射的最后一道屏障，它吸收并偏转了大量的危险粒子和射线。更夸张的是，大气层把各种各样即将降落到我们头上的碎片、残骸全部燃烧掉了。据 NASA 估计，每天有

100吨太空中的碎片撞击地球，这些碎片大多以尘埃或微小颗粒的形式存在。当它们撞击大气层时，与空气的摩擦使它们燃烧起来，成为美丽的"流星"。

下次你在对着流星许愿时，请记住那是一颗太空尘埃，通常是被彗星落下，然后经由**上层大气**点燃的。希望大气层的保护作用能一直持续下去，这样我们就不会像恐龙一样灭绝了。

我们甚至还没有提到我们呼吸的**氧气**，它占围绕着我们的空气的五分之一。氧是一种很容易发生化学反应的元素，通常与其他原子或分子结合时表现得非常强烈，如燃烧。这意味着它可以用来储存能量，然后释放出来，比如烧烤的时候，或者更常见的、更有用的：在我们身体的细胞里，帮助我们将吃下的食物转化成能量，让我们保持温暖与活力。

氧气对于生命非常非常重要。

是的，大气层的意义不只是让纸飞机飞起来那么简单。

我们从一团尘埃和气体开始，45亿年后我们有了太阳提供热量和庇护，有了地球的金属核阻挡辐射，还有可以调节温度的大气层、液态水、氧气。

然后，生命诞生了。

那颗流星好漂亮……糟糕！

究竟什么是生命?

是啊，什么是生命

这个问题似乎很容易回答。动物，对吗？大个儿的、毛茸茸的或者湿乎乎的，也可能是会飞的。哦，还有昆虫，我们差点忘了昆虫。所以生命就是到处跑来跑去，飞来飞去，游来游去，找东西吃，或者被其他东西吃掉的东西。

"咳咳，"坐在桌子上的室内植物说，"那我们呢？"

当然，生命必须
得包括植物——**树木、**
草、蕨类等。它们不动
也不吃东西（除了……捕
蝇草，我们一定要找时间好
好谈谈它们，它们一定是外星人），
但它们会成长，并创造新的生命。不过，这些都
是体形相当大的生命。那些小东西呢？虫子、病菌、细菌，
甚至我们最近在最不适宜居住的地方发现的有机体：**极端**
微生物，它们可以在海底深处的火山喷流或是北极的天
寒地冻中生存。

当我们抚摸狗狗，或者从树上摘苹果时，我们可以凭
借我们的日常经验判断"那是生命"，但是很难准确地定义
究竟何为生命。

不要忘记我！

一般我们会这样定义（咳咳，清嗓子）："生命具有繁殖和传播的能力！"但是，按照这个定义，火也是有生命的。

所以让我们把它定义得更精准一点（咳咳，再次清嗓子）："生命就是从环境中获取能量或物质，并利用它来帮助繁殖的能力！"这个解释听起来很不错，但如果你曾经尝试过类似把绳子浸入某种液体几个星期来制作晶体的方法，你肯定会发现晶体可以利用环境中的物质来制造更

多的自己，但你永远不会说晶体是有生命的。

但无论我们对"生命"的定义是什么，从我们能接触到的动物（狗、人、驼鹿），一直到我们只能在显微镜下看到的东西（细菌、病毒等），它必须包括一切。

然而令人失望的是，在我们寻找地外生命的过程中，我们更有可能发现那些微小的生物，而不是大个儿的、毛茸茸的动物。因为那些小生物存在的时间更长。

　　如果翻阅地球上生命的历史，你会发现那些大型的、复杂的、毛茸茸的、会交流的生物出现得非常晚。这更像是一道名菜：星期日烤肉大餐，而不是简单的微波炉晚饭。如果烤肉需要40亿年的话，那么等待鸡的进化就耗费了39.9亿年。

　　即使明天我们在宇宙的某处发现了另一个"**地球2**

号"，绕着一个类太阳的恒星公转，轨道半径也完全一样，他们有可能处于这个生命"烹饪"过程的任何阶段，而"地球2号上的人"进化到足够认识你并能和你聊天的概率是非常渺茫的。

生命是如何诞生的

我们并不完全清楚地球上的生命是如何诞生的，但是绝大多数理论都认同一个基本猜想——一种混合的化学物质和一种能源，不知怎么的，这些化学混合物在它们相互发生化学反应的时候，找到了一种可以自我复制的构造。

显然，我们对于生命起源的探索还有很长的路要走，对于一些确切的细节仍然含糊其词。

我们知道地球大约有45亿年的历史。

我们认为大约44亿年前地球上就有海洋了。

我们也认为生命开始于42亿～38亿年前的某个节点，

但它肯定发生在某个周五的下午4点25分，正好赶上周末，这样所有的新生命在周一开始工作之前都有两天时间放松一下。

一种流行的理论是，生命起源于海洋深处的热喷口附近，在那里，一些富含氢的化学物质被喷射到海里。这些化学物质混合在火山喷流附近的温水中，开始不断地产生有用的化合物，这些化合物就成为生命的基石。

另一种流行的理论是，氢、氮和碳等元素混合存在于早期的海洋中，地球早期电闪雷鸣的恶劣天气提供了突然的爆发能量，使这些化学物质结合在一起。

1953年，化学家哈罗德·尤里和斯坦利·米勒进行了一个著名的实验，他们试图在实验室里重现生命诞生之初的环境。他们混合了早期海洋中最有可能存在的化学物质，并对其反复释放电子脉冲来模拟闪电，期待会有东西从玻璃罐里爬出来，让他们别再放电了。

不，等等，那样太蠢了。

实验持续了几周后，他们发现清澈的水变成了棕色。

当他们检测实验所产生的液体时，他们发现它含有**五种不同的氨基酸**，这些氨基酸本身不是生物，但却是生命的重要组成部分。为了让实验更真实，再次进行实验时，他们加入了一种叫作硫化氢的气体，这种气体通常是火山释放的（地球早期有**特别多**的火山）。

这一次，氨基酸的数量上升到27个，进一步证明，尽管早期的地球是一个被火山爆发和电闪雷鸣覆盖的可怕地方，但它的确是一个相当适合生命的"烤盘"。

不可思议的进化

从那些简单的化学物质开始，一直到你现在能拿着这本书，这是一个**非常非常漫长的旅程**。在最初的几十亿年里，它们只是一些微小的生命：细菌、病毒和单细胞生物。在这个时候来地球旅游不会很有趣，但这并不意味着伟大的事情没有发生。

例如，大约30亿年前，这些小家伙们学会了如何进行光合作用，这被证明是一个非常有用的技

这颗星球没什么可看的。

真是浪费汽油。

巧，就像我们学

习如何做长除法、

骑自行车或者煮一

颗鸡蛋（一般煮四

分半的时间比较合适，

但当你从冰箱中取出鸡蛋时，

一定要先把它放在温水中，否则鸡蛋壳

会在沸水中裂开）。

二氧化碳

阳光

氧气

饥饿的
植物细胞

总之，由于光合作用（将阳光转化为能量的能力），植

物能够储存能量，生命因此变得**越来越复杂**。

也就是说，直到大约10亿年前，我们才**开始看到第**

一个多细胞生命。这是生命进化的一大步，它花了30

亿年！然而此时的生命还是只能通过显微镜才能看到。**哎**

呀，实在太慢了！

1亿年后，第一批海绵动物诞生了。地球表面此时也变得清净了许多，真让人松了一口气，老实说，早期的地球环境真是非常糟糕。

随着时间的推移，我们开始看到越来越多的复杂生物：水母、蠕虫、海葵和珊瑚，直到我们到达一个重要的时间节点：5.4亿年前，也就是我们所说的寒武纪大爆发——并不是某种烟花的名字。

当我们研究这个时代的证据时，我们发现化石数量的大量增加，要么是因为动物数量的大量增加，要么是因为动物大量死在沙子里变成了化石。无论哪种方式，生命的"演出名单"都得到了极大扩张，我们也开始得以遇见真正复杂的生物。三叶虫和第一批有脊椎动物在这时出现，数量快速扩张，有脊椎动物的父母时常告诉他们的孩子不要弯腰驼背。

生命也不再只是生活在海里。一些植物和动物已经开始探索陆地。昆虫出现在4亿年前，而在3.97亿年前，第一个爬出海洋的四足动物留下了脚印化石。从这个时候开始，随时都是来地球旅游的好时机。有大量的动物供你观赏（要避免被吃掉）。偶尔，一颗彗星会砸下来并按下地球的重置按钮。

恐龙、乌龟、鳄鱼和鲨鱼都在这时出现了，其中有些生物现在已经消失了。是的，恐龙消失了，这**真的很遗憾**，因为**它们的存在显然令人啧啧称奇**。大约1亿年前是有史以来最大的陆地哺乳动物——蜥脚类恐龙的时代，从那以后没有什么生物比它们更巨大了。永别了，蜥脚类恐龙，你在你的时代保持不败，时至今日都很少存在像你那样巨大的生物。

让我们与恐龙，以及所有没能挺过冰河时代、彗星撞击和其他大灭绝事件的动物告别。尽管有各种各样的挑战，生命仍然顽强地进行着重组和分化。

动物大家庭依然在扩大：鱼、鸟、爬行动物、两栖动物和哺乳动物。在哺乳动物中，我们的近亲——灵长类动物，几乎是最后才出现的，大约在8500万年前出现。在这个家族中，先是出现了类人猿，然后大约600万年前，出现了人类的原始形态，直到不久之前，我们才与我们的"近亲"黑猩猩"分家"。

又过了几百万年，灵长类动物站得越来越直，直到5万年前，**我们出现了！**

40亿年的生命演化，从最基础的物质开始，到拿着这本书的你结束。

在那之后，我们就可以在周末休息了。呼！

地球之外有生命吗？

不管怎么说，这就是地球上发生过的一切，尽管为了节省时间，我们跳过了很多。在这40亿年里，地球创造了长颈鹿、有毒的青蛙和会说"**你好**"的鹦鹉，但我们太阳系的其他行星也经历了同样长的时间。所以想象一下，我们将在太阳系的其他行星上发现什么疯狂的生物！

我之前忘记问了！你想遇见什么样的外星人呢？

也许最好是我们可以与之交谈的外星人，尽管可能有

各种各样的原因让这变得很困难（我们将在后面讨论）。但很明显，这是我们最初的设想：遇到一个我们可以与之进行飞船竞速赛的外星种族，并从他们那里学习

新技术。也许还有一些冒险等着我们，我们可以用激光枪

"啾～啾～啾"地射击，最终推翻一个邪恶的银河帝国

的统治。

　　但基本上可以成为我们朋友的……

　　好吧，我先不说坏消息了。

　　我们的太阳系对生命是**相当不友好**的——当然是对

那种可以与我们一起玩的有趣生命。

　　看看我们最近的邻居，内行星。

水星一会儿冷一会儿热，没有大气层，而且它紧挨着太阳，任何生命都会被立即摧毁。

金星有大气层，但可笑的是，它的表面温度高得足以熔化金属，何况天空中还充斥着巨大的硫酸云。如果有生命存在，也只可能是生活在大气层高处的微小细菌，这有什么意思呢？没有人愿意和细菌一起逛街，或者带它去散步，更不用说和它一起去太空探险了（你的鼻子里就有至少10种不同的细菌，带着它们去散步吧）。

火星的大气层很稀薄——因为它没有岩石内核，所以

大部分大气层都被太阳辐射吹走了。火星只有非常稀薄的氧气，以及大量的二氧化碳，我们在这样的大气之中无法呼吸。

火星曾经有水，也许是巨大的海洋，但现在的水资源或存于地下，或只以固态冰、水蒸气的形式存在。在这种情况下，生命是很难维持的。

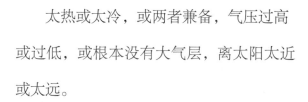

所以，我们附近的行星真是一团糟。

太热或太冷，或两者兼备，气压过高或过低，或根本没有大气层，离太阳太近或太远。

而地球正处在最适宜的位置，所有的比例刚刚好。适量的大气容纳配合适的空气。与太阳适中的距离，使我们

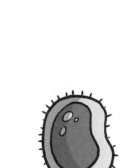

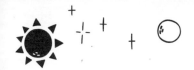

获得恰到好处的热量，水也能以液体的形式存在。

似乎有一个薄薄的圆环围绕着太阳，被称为"宜居带"：这是一个空间区域，这里能获得恰到好处的能量，适宜生命生存。**地球就在这里。**

科学家们用一个特殊的名字来描述**不太热**也**不太冷**的东西。

这就像英国童话故事中的那三只熊：熊一家早餐熬了粥，但是熊爸爸的粥**太烫**了，所以他坚持要求一家人去树林里散散步再回来喝粥，然而此时熊宝宝的粥**温度刚刚好**，熊妈妈的粥甚至都**有点凉了**。其实他们完全可以把熊妈妈的粥放在微波炉里加热一分钟，然后让熊爸爸在喝粥时有点耐心，慢慢吹着喝。但是不行，熊爸爸要求一家人立即出门散步，他们出发得太匆忙了，甚至连门都忘了锁，任何路过的孩子都可以进来乱砸家具，把

床弄乱，最后精疲力竭地睡着。这就是为什么科学家们把"能够孕育生命的""与太阳的完美距离"称为"熊爸爸只需要吹一吹他的粥"地带。

不，等等，这不对。

他们称之为"金发女孩地带"，也就是宜居带。

不太热，也不太冷，适合生存。这就是地球所在的位置，其他行星都不在这个区域。

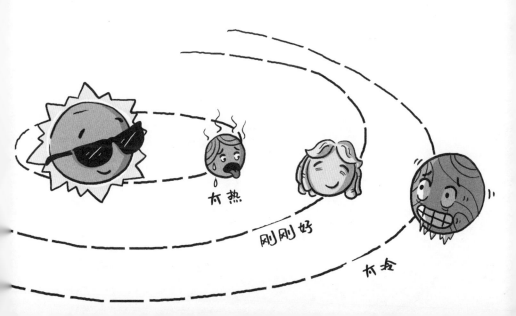

太热

刚刚好

太冷

如果我们把目光放得再远点，到那些气态巨行星那里，情况也不会有所好转。

　　木星主要由氢和氦，以及具有腐蚀性和毒性的高浓度氨气和硫酸云组成，这还没有考虑到要面对以500千米/小时刮来的狂风。我们甚至不能确定木星是否有一个内核，它的内部也许只是一些流动的液体。这些液体会被极大的压力挤压，变成一些奇怪的浓汤。我知道你可能喝过一些味道奇怪的浓汤，但这个绝对称得上是恶心。基本上，我们是不会期待木星人给我们打电话的。

土星也好不到哪儿去！它由更多的氢和氦组成，没有真正的内核以支撑我们着陆或居住。况且距离太阳这么远的地方是非常寒冷的，土星上的**平均温度可能在零下174摄氏度。**

其余两个更遥远的行星只会更加寒冷，冰态巨行星——

天王星和**海王星**，表面温度可以达到**零下214摄氏**

度。在天王星上生活是非常怪异的，尤其是居住在南北两

极，因为整个行星的自转轴特别倾斜，以至于每一极都有21

年是连续不间断的冬夜，紧接着又有21年是不间断的夏日

白昼。

　　当然了，在离太阳大约30亿千米，相当于20倍日地距离的地方，即便是白天也不会感到温暖的。

　　总而言之，巨大的大气压、有毒气体、无法立足的星球表面以及寒冷的温度，这些条件都会使生命极其难以生存，更不用说发生进化了。

如果只能在地球生存的话……

那我们应该放弃在太阳系寻找地外生命的计划吗?

可能还不是时候。

让我们再来看看地球上的生命,看看生命存在的地方还需要什么条件。毕竟在我们真正见到外星人之前,我们必须推测他们可能长什么样。但是当我说推测的时候,思维不要太发散了!

外星人可能会像一只大猩猩,但却是蓝色的大猩猩,还装有金属腿!

或者只是一只活蹦乱跳的脚!

要不然就是一片戴着蝴蝶结的云彩!

我们的推测必须兼顾想象力和科学,我的意思是,

我们都应该穿上实验服，皱起眉头，以认真、科学的态度，深思熟虑地进行分析：观察一下我们可爱的地球上这些各式各样巨大动物的走路、飞行、放屁、睡觉的样子，最后做一个合理的猜测。记住：如果在地球上可行，在太空中也可行。最后我们才可以使用纯粹的想象力把它们都变成蓝色，并给它们装上金属腿。

地球上有很多会飞的动物。例如，鸟、蜜蜂、蝴蝶、仙女玛丽，还有那些手臂张开后可以像翅膀一样滑翔的松鼠，尽管松鼠们只是在控制降落，但它们都有一个共同点，那就是它们都在利用大气中的空气进行滑翔与飞行。

　　如果你把一只鹰放在几乎完全真空的环境中，它将无法振翅飞行。此外，没有空气意味着无法呼吸，低温也将对它产生不利的影响，所以原则上来说，把鹰送入太空是一个糟糕的主意。讽刺的是，第一个登月舱被称为"鹰"，尽管鹰不是很适合在太空中生存，但是人们普遍更关心鹰所代表的含义。

　　不管怎样，如果一颗存在生命的外星星球有大气层，

即使里面的气体成分与地球不同，但可能有一种会飞的动物。这是一个有趣且合理的猜测。

正如我们已经提到的，虽然一些太阳系行星拥有大气层，但是都充斥着可怕的有毒气体，所以我们认为生命不太可能在这些星球上站稳脚跟。在我们发现存在类似于鸟类这种令人惊叹的动物之前，还有很长的路要走。

地球上会游泳的生物给了我们更好的**提示**。热带鱼可以在热水里游泳，北极有超过240种鱼在非常冰冷的水里游泳。即使在阳光无法穿透的海洋深处，也有**超过200种不同种类的琵琶鱼**，这种长相丑陋的鱼携带着一个灯泡，用来吸引和捕猎其他小鱼。

琵琶鱼非常有趣。它们生活在海洋深处，我们一直不知道它们的存在，直到有一只在1833年被冲上了格陵兰岛的海岸。然而我们也无法对它们进行像样的研究，直到我们能够下潜到它们所生活的海洋深度。**它们的光源是由发光细菌构成的**，虽然它们中的很多都是在头部的生长体末端发光（形状像鱼竿，因此得名），但有一种鱼的发光体却长在口腔的最末端。所以当小鱼们看到这些灯泡时，就已经太迟了。

最大的琵琶鱼被称为 Warty Seadevil（意思是"长瘤的魔鬼鱼"，在英文语境中，这个名字意味着在侮辱一位渔夫）。虽然雌性的 Warty Seadevil 能长到76厘米长，然而令人惊讶的是，雄性却只能长到不足2.5厘米，因此只能吸附到雌性的腹部上生存。

除了这些鱼类，世界上还有很多会游泳的生物——鲸鱼、海豚、鳗鱼和海龟等，更不用说我们本来就认为生命本身可能起源于海底深处的火山口附近。因此我们可以猜测，有水或任何稳定液体的行星，就有可能生存着会游泳的生物。虽然太阳系中的其他行星都没有液态水，但如果我们扩大搜索范围，观察它们的卫星，那么这个猜想就会更有希望实现。

月球上有生命吗

　　我们应该称月亮为"**我们的月亮**"，因为太阳系里还有很多其他围绕着行星运行的"月亮"，可能多达214个，我们一般把它们称作卫星。火星有两个卫星，火卫一和火卫二，尽管它们都非常小。火卫二的引力是地球的千分之一，我总是不厌其烦地告诉人们，如果你在火卫二上跑得够快然后起跳，你就能跳下去，然后迫降在火星上。

　　随着天文学的发展，我们对这些卫星越来越感兴趣，其中最让人兴奋的是，有些卫星被认为拥有海洋。**木卫二是木星的一颗卫星**，它与我们的月球大小相似。我们所能看到的只有它厚达30千米的冰壳，在那下面的海洋可能要比地球上所有海洋加起来还要大。2024年，美

国航空航天局将发射一艘特殊
的宇宙飞船——欧罗巴快帆，用
于探索这颗卫星。同样的，木卫三和木
卫四也围绕着木星运行，据说在它们的地
表下也有海洋，但可能在150到250千米的冰层之下。
因此这并不是寻找生命的好地方，也没什么希望诞生生
命。

　　土卫二可能是一个更好的选择，作为土星的一个卫星，
它也是这种"脆壳"内充斥着海洋的组合，但更令人兴奋
的是，巨大的气态水柱像间歇喷泉一样从地表的裂缝中喷
涌而出。这不仅表明火星上蕴藏着生命所必需的能量，也
意味着我们可以穿过这些羽流状喷泉，看看喷出了什么样
的化学物质。

我闻到了生命！它闻起来是……奶酪！

卡西尼号探测器于2004年飞向土星，花了十多年时间探索土星及其卫星。卡西尼号发现了土卫二表面的这些巨大羽流状喷泉（它们太模糊了以至于不能从地球上看到），在2015年的最后一个任务中，卡西尼号飞到了离土卫二表面冰层3000米的地方，试图发现生命的气息。这并不是卡西尼号的使命，但它还是设法测量出了这些喷泉中存在大约1％的氢和大约0.5％的二氧化碳，这两种气体通常都与生命有关，特别是在火山口周围，就像我们在地球海底发现的那些。

同样是在土星附近，我们发现土卫六是另一个极有可能存在生命的卫星。与我们之前提到的冰壳卫星不同，土卫六有真正的表面液体，尽管可能不是最适宜居住的那种。土卫六有一片叫作克拉肯海的海洋，位于它的两极之一，其大小与地球上的里海（地球上最大的湖泊）差不多。然而土卫六的海洋里并不是水，**克拉肯海主要由甲烷组成，**甲烷是一种由碳和氢组成的气体。这是个好消息，一方面，碳是存在于大多数生命化学物质组成中的元素。**另一方面，甲烷是沼气的主要组成成分，**所以一整片充满沼气味道的海洋可能也不是冲浪度假的好去处。

这些卫星都是寻找生命的不错选择，我们可以猜测一下什么样的生物可能在这些环境中生存。在木卫二和土卫二上，它们必须得会游泳，并且能忍受寒冷和黑暗。在土卫六上，它们必须没有鼻子。

在极端条件下生存

这些都是极为恶劣的环境，你可能已经注意到，它们似乎离所谓的"宜居带（Goldilocks Zone）"很远，而那里却是生命最有可能繁荣发展的地方。当然，地球上的一些地方也非常不适宜居住，但我们仍能在沸腾的热水、灼热的酸，甚至在核反应堆中找到微生物。这些是"极端微生物"，能在最恶劣的环境中茁壮成长的生物。

在智利的阿塔卡马沙漠，地球上最干燥的地方之一，杜氏盐藻可以通过收集蛛网上的少量露水来生存。

我们在南极冰冻的海洋和西伯利亚的冰原中发现了**细菌**、**真菌**和**藻类**。其中最强的是耐辐射球菌（它已被载入《吉尼斯世界纪录大全》，尽管它自己可能不知道），这种细菌可以承受比能致人死亡的辐射强1500倍的辐射。这种"小硬骨头"也能在寒冷、无水、酸性和真空环境中生存。它似乎是太空中其他地方"突然出现"的最佳人选。

但是正如我经常说的，人们很难对细菌提起兴趣。难

道没有一种能拥有如此顽强的生命力，但仍然看起来像动物的生物吗？有腿，有脸的那种？

女士们、先生们，由我给你们介绍——缓步动物！

又被称作水熊！

也被称作苔藓小猪！

它们甚至还在《海底小纵队》中出现过！

缓步动物令人惊讶。 它们有八条腿和一张脸，而且的的确确是动物，尽管严格来说它们被称为"微型动物"，因为它们通常在显微镜下才能被看到。它们可以长到半毫米长，比细菌大得多，所以有时甚至不需要用显微镜就能看到。

它们很顽强。 人们曾在喜马拉雅山脉、温泉、深海、赤道、南极甚至冰层下发现过它们。它们可以在没有食物和水的情况下生存30年，可以被冷冻到零下270摄氏度，可以比其他动物忍受强1000倍的辐射。最棒的是，我们已经把它们送入了太空。不是在火箭里，而是真正的太空。

2007年9月，欧洲航天局将缓步动物送上了太空。十天里，这些缓步动物被暴露在完全真空的太空中。在它们

返回时，其中的三分之二重新恢复了水分，并在半小时内
重新活动起来。就像我说的，缓步动物真的**很顽强**。

把细菌留给我们自己

当然，这些都是地球生物。它们是生命如何在极端条件下生存的一个很好的例子，但这也是一个**警告**。如果我们在太空中探索的这些世界是原始的、没有生命的，那么我们不希望踩过它们，因为鞋底上可能沾有地球的微生物。我们也无法保证从地球发射的太空探测器的角落里会不会隐藏着微生物。

我们想在其他星球上发现生命，而不是把生命带到那里去。

有时我们不得不采取**爆炸性**的预防措施来避免这种情况。

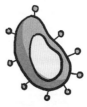

2004 年，美国航空航天局的卡西尼号探测器从地球出发，经过7年的旅程抵达土星。在接下来的12年里，它探索了土星环、土星卫星和土星本身，并取得了许多我已经提到的发现成果。卡西尼号在巨大的卫星土卫六上发现了甲烷湖，这是在太阳系除地球外的星体上发现的**第一种液体**。卡西尼号发现了土卫二表面喷出的水射流以及冰壳表面下的巨大海水。卡西尼号给我们发送了土星上闪电的照片，并更深入地探索了卫星和土星环，这都是我们在地球上无法观测到的。无论以何种标准衡量，卡西尼号的工作完成得都非常出色。

然而到了2017年，卡西尼号的燃料开始不足，它面临着脱离 NASA 控制结束任务的风险，即有可能撞上一颗它已经收集了很多信息的卫星。

更大的危险在于，在为我们提供了两个可能存在外星生命的有趣卫星——土卫六和土卫二之后，卡西尼号可能会意外地撞上其中一个卫星，从而导致地球生命污染它们的环境。因此，卡西尼号的任务被替换成了一个戏剧性的、自我毁灭的结局。探测器的路径被重新定向，它开始在土星与土星环之间环绕旅行，一圈又一圈，总共22条轨道，慢慢地越来越接近土星，直到最后，它开始接近土星的大气层并且燃烧起来，就像坠落地球的陨石一样。

2017年9月15日，卡西尼号以140000千米/小时的速度燃烧着穿过高层大气，作为一颗流星滑过天空，结束了它在土星天空中的任务。

在努力保持太空干净的过程中，有些时候我们

不那么周全，也没那么成功。例如，月球，我们的卫星，在阿波罗宇航员留下的粪便袋子里，肯定存在一些地球的细菌。你以为他们会把粪便都带回来吗？不，他们不会。事实上，6次登月任务共留下了96个袋子，里面装满了粪便、尿液、未吃完的食物和其他垃圾。粪便中55％是细菌，所以至少在一段时间内，月球上确实存在人类以外的生命。

而且这不是唯一的一次。

你还记得之前我提到的 **缓步动物** 吗？就是那个适应性极强甚至可以在太空中生存一段时间的微型动物。我是说，我们可不想让一堆缓步动物不小心撞到月球，对吧？我的意思是，你可能会认为我们应该小心，不要把一群顽强的、几乎不可能杀死的、在太空中都可以生存的水熊猛击到月球表面。当然，这正是我们所做的。2019 年 4 月 11 日，以色列的"创世纪"任务——有史以来第一个私人资助的月球着陆器，坠毁在月球。飞船上有一个特殊的微型图书馆，里面有作为人类文明记录的数千本书，其中包括

人类 DNA 样本和**数千只缓步动物**。

　　航天器中的辎重可能在猛烈的撞击中幸存了下来，或者可能被撕开，释放了数千只缓步动物到一个新的家园。也许月球就是我们应该挥手的方向。对于微型水熊来说，它们可以和它们的新朋友——粪便细菌，一起在太空中建造一个新世界。

好奇的猫叫：喵？

嘿，老哥，你看一下这颗星球，它看起来有点意思。

史普尼克！我的水！

太阳系之外
有生命吗？

我们几乎可以肯定太阳系的其他行星**没有生命**。没事，宇宙中还有大量的恒星和其他行星。

我们可以再去找其他星球！这并不难，对吧？

可惜的是，**这是极其困难的**，而且很少有人去做。

探索其他行星

前五颗行星——水星、金星、火星、木星和土星——都是在数千年前被发现在群星间**"无目的"地游荡**。在各地有文字记载的历史中，它们一直都是人类文化的重要组成部分。然后很长一段时间里，我们没能从宇宙中得到新的收获，至少在伽利略的望远镜被发明之前，我们只能

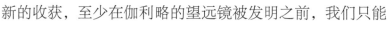

通过肉眼来观察宇宙。后来，伽利略通过望远镜在1610年初的几个月内发现了木星的四颗卫星，这些卫星至今仍以他的名字命名。这就是伽利略卫星：木卫一、木卫二、木卫三和木卫四。基本上，伽利略用一架望远镜花了一个周末的时间就发现了四颗卫星，他可能在那之后就把它放回车库里再也不用了。**别费劲了，下班了。**

接下来要讲的是荷兰天文学家克里斯蒂安·惠更斯的发现。1655年，惠更斯发现了第一颗土星的卫星，后来被确认为是最大的卫星，也就是我们现在称之为土卫六的卫星（这个名字是200年后才命名的）。

惠更斯还做了另一件很酷的事。1655年的信息传播是非常缓慢的，当时还没有像今天这样发达的大众传播媒体，因此在全国范围内发布一则公告是需要由信使跑腿完成的。很可能你给别人写信，告诉他们你的一个惊人发现，然后他们却反过来**窃取**你的想法，告诉你他们早已想到了。

"哦，土卫六？是的，我其实很久以前就发现了，你没收到我的信吗？"

因此，为了保护他们的发现，科学家们会先用一些**加密信息**发出通告，只有当他们得知所有人都听说了这个

发现的时候，他们才会
公布如何**解译**这些信息，
让大家了解这个发现是什么。

这就是惠更斯所做的事，他
宣布发现土卫六时用了一个"字谜
游戏"，类似于字母相同的异序词，就像
收到一封信，上面写着"ROMAN FOOT
UNSEWN"或"A NEW FORUM ON
SNOT"。当加密信息可以被公布的时候，他就会告诉大
家，这些消息实际上是"NEW MOON OF SATURN"，即
"土星的新卫星"！稍长一些的信息，惠更斯是用拉丁文写
的，解译后的意思是："土星卫星的公转周期为16天
4小时"，这就是他想要公布的新发现。

接下来是意大利天文学家卡西尼，他在1672年到1684年之间又发现了四颗土星卫星，以及由他的名字命名的"卡西尼环缝"（The Cassini Division，听上去像是一部间谍电影，实际上却是土星星环中间的一条暗缝）。

之后人们发现了很多卫星，却没有任何新行星的消息。直到1781年，威廉·赫歇尔发现了一颗彗星，很快他就意识到这可能是一颗行星。他以当时的英国国王乔治三世的名字命名它，即"乔治之星"，事后被证实这是非常聪明的决定。然而这颗行星最终还是以希腊天空之神"乌拉诺斯"的名字命名，我们一般称之为天王星。希腊的天空之神并没有对赫歇尔进行褒奖，但乔治国王专门为他设立了"皇家天文官"这一职位，这可能

就是赫歇尔以国王的名字命名了一颗行星的奖励。他也不负众望，发现了更多的**土星卫星**，并在姐姐卡罗琳的帮助下设计并建造了许多望远镜，从而发家致富。

然而直到 19 世纪中期，我们才发现了另一颗行星，而且是以一种非常间接的方式。**法国天文学家亚历克西斯·布瓦尔**发现天王星偏离了正常轨道，他预测这是因为天王星被另一颗此前未被发现的行星的引力**拽离**了预期轨道。令人遗憾的是，他在第八颗行星的存在被证实之前就去世了，但另外两位天文学家——**勒维耶和约翰·库奇·亚当斯**——利用他的研究成果预测了这颗神秘天体的所在。1846 年 9 月 23 日晚，在柏林天文台，天文学家约翰·伽勒将望远镜对准勒维耶所预测的那片空域，海王星就在此时突然现身。

关于认定是谁首先发现了这颗行星时出现了一些争论，但这也表明行星的发现越来越困难。我们更有可能因为注意到它对周围事物的影响而发现一颗行星，而不是仅仅通过望远镜观测到。但最重要的是，这些事情表明将信息加密是告诉人们科学发现的唯一方式。就像我常说的，NASA ARMOR FROG AHOY！我的意思是，Hooray for Anagrams！为"字谜游戏"欢呼！

我们应该在这里提到"老可怜"冥王星吗？我的意思是，它在1930年被发现时认定为一颗行星。它被发现是因为人们注意到天王星和海王星被某种神秘力量拽离了它们的预期轨道。这就是行星发现的进展：观察一些你已经知道的东西，看看它是否表现得有点异常。就像你去遛狗散步，突然发现"我的狗不见了"，然后你就开始环顾四周。似乎天王星和海王星都在不停地环顾什么东西，然后天文学家顺着那个方向仔细观察，发现了冥王星。

当然，严格来说冥王星不属于行星，但即使我们把它包括在内，我们每隔100年才会发现一颗新行星。

让我们看看到目前为止我们发现了多少颗行星，我上

网查了一下……总数是……我们的八大行星再加上……

4260颗行星，分布在其他3146个星系中！

哇喔！

什么情况？

我们发现了系外行星，

这就是所发生的情况。

一个遥远的发现

系外行星是指所有太阳系之外的行星。人们一直认为，其他的恒星可能也存在类似于太阳系的行星系统围绕着它们，但它们实在太远了，用任何望远镜都无法看到。离我们最近的恒星是比邻星（Proxima Centauri），距离地球40万亿千米，是我们与太阳距离的3万倍。

从行星观测的角度来说，尽管一颗行星可能微小到看不见的程度，但你仍然可以通过观察它对附近行星造成的影响来确认它的存在，就像我们之前拿遛狗做的比喻。那么行星会对恒星产生同样的影响吗？一颗我们看不到的行星会不会通过让一颗恒星晃动从而暴露自己的位置？

事实证明，会的。但这种晃动会非常小，如果受到一

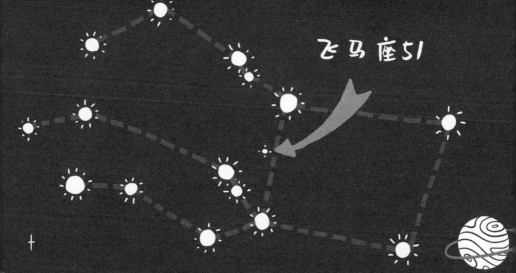

飞马座51

颗小行星的绕轨道运行的影响，一颗巨

大的恒星只会轻微偏离其重心。

　　1995年，天文学家米歇尔·马约尔和迪迪埃·奎洛兹

发现一颗名为"飞马座51"的恒星在运动中出现一些不

同寻常的晃动。它位列该星座的第51颗，巧合的是，它也

正好距离我们51光年。你可以在晴朗的夜晚看到它。它属

于"飞马座"，但它并不是飞马座中最有名的那几颗星星之

一。它大概位于飞马座胸前中间的位置，如果你有幸看到

它，就向它挥挥手，但不要指望它会有回应。

　　围绕这颗恒星运行的是我们在太阳系外发现的第一颗行星。这颗行星的官方名称是飞马座51 b，但很快就被非正式地以骑着飞马帕伽索斯的古希腊英雄命名为"柏勒洛丰"（尽管骑手在骑马时，可能不会像这颗行星一样

"骑"在飞马座胸前的中间位置）。后来这颗行星改名为 Dimidum（这是拉丁文，大意是"一半"的意思，这颗行星的质量大约是木星的一半）。

总之，生活在 Dimidium 上并不容易。首先，它非常巨大，比地球大得多——大约是木星的一半大小——而且令人惊讶的是，它与它的"太阳"的距离竟然比我们的水星离太阳的距离还要近。

如果你还记得之前提到的关于太阳系如何形成的内容，你就会明白，恒星将大量松散的尘埃聚集起来并将较轻的气体吹走，这些气态巨行星往往会出现在较远的地方。你还记得这些吗？你当然记得。我们以为所有的类太阳系星系都是这样形成的，但事实证明，太空中的**怪事**太多了，这么大的行星按理说不应该离恒星这么近。**更奇怪的还在后面。**

寻找新的行星

首先，让我们换一种方式寻找行星。当一颗行星从一颗恒星面前经过时，它往往会挡住恒星发出的一些光芒，这就是我们探索遥远行星的一种方法。**如果你发现一颗恒星的光芒稍微变暗一些**，你就等一段时间，看变暗的情况会不会再次发生。如果再次发生了，你记录下两次变暗所间隔的时间，然后你再等待相同的时间，看看它是否会再次变暗。如果每次它都在相同的周期内变暗，那么就说明存在一颗我们未发现的行星，规律地围绕着这颗恒星旋转。

最简单的证明方法是什么？非常容易。找一盏台灯并打开它。

嚎，别！你别直视它。千万不要那样做！

好了，现在是第二步：对着台灯快速眨眼并把目光移开，等待你视野里那奇怪的白色影子消失。

全都消失了！那个奇怪的白色影子其实叫作"后像"！我上网查了一下，发现了很多有趣的错视图，但现在不是看它们的时候！

来吧，让我们重新开始。

用稍微暗一点的台灯再试一次。

好，别再提第一盏台灯了。

把台灯打开，假设这就是恒星。

训练一只小蜜蜂绕着台灯飞。听着，我没有足够的篇幅来解释如何训练一只蜜蜂放弃采集花蜜，放弃在蜂巢的生活，却为了帮你演示行星是如何工作的，一圈又一圈地绕着台灯飞。但是我相信你会找出解决办法的，如洒一些糖水。

不管怎样，蜜蜂每隔一段时间就会飞到台灯前。你看

到光线变暗了吗，只有一点点吗？当蜜蜂飞到
台灯的后面时，光线恢复正常，当蜜蜂又飞到
灯前面时，光线又变暗了。你能看出来吗？

不，你当然不能。

这种差别**太小了**，我们无法用
肉眼看到。一颗行星从一颗恒星前面
经过，这种明暗变化的差别是极小的，有时只有恒星正
常**亮度**百分之一中的百分之一，所以我们几乎不可能看
到。但这没关系，因为我们可以使用极其精密和灵敏的
相机来探测明暗变化的微小差别。我们甚至可以把这种
相机送入太空，这样它们就不会被**灰尘、云和温度**
差异所干扰，因为这些因素也会使光线在大气层中产生
"**晃动**"的现象。

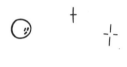

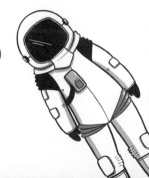

　　2009年，我们将一架名为开普勒的特制相机发射到太空中寻找行星。这个相机非常精细，以至于我们必须得使用液氦来冷却它，使它变得**超级灵敏**（一个技术术语，经常被科学家们使用）。液氦可以将仪器冷却到零下269摄氏度，使仪器能够测量15万颗恒星的明暗变化。如果你想知道开普勒正在观察什么，出门去夜空中找找天鹅座吧。你可以想象天鹅座在天空中飞翔，而开普勒正在观察

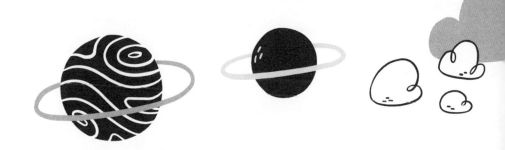

它右翼翼尖周围的区域，那里有15万颗星星，向它们挥挥手吧。

在执行任务期间，开普勒共发现了3245颗行星，还有3025颗行星有待进一步确认（根据NASA2022年数据统计）。这是一个巨大的成功，开普勒探测器发现了类地行星、类木星气态巨行星，以及各种从零下220摄氏度起到各种温度的行星，还有可怜的WASP-12b，这颗行星比其他任何行星都更接近它的恒星。它距自己恒星的距离大约是水星与太阳距离的1/14，这也使得它表面温度达到了2200摄氏度。由于距离太近，这颗恒星的引力将整个行星拉成了椭圆形，就像橄榄球一样。你可以把WASP-12b添加到"我们预计不会收到回信的人"名单中。

开普勒于2018年圆满完成它的任务，它耗尽了可以维持低温的氦气。作为对它出色工作的褒奖，它可以一直漂浮在太空中凝视星空。它跟在地球后一起绕着太阳旋转，但是它的公转轨道更慢、更宽一些。我们将于2060年追上它，就像跑步快的人快了跑步慢的人一整圈，但地球的重力会将可怜的开普勒拽入一个更快、更加靠近太阳的轨道，因此它将加速离开我们，就像一个你认为比你跑得慢的人，但他偷偷摸摸换到了内圈跑道然后超过了你。然后，它将用57年的时间慢慢追赶上我们，但当它太接近我们的时候……

你猜怎么着？是的，你猜对了——地球的引力会把它抬到以前那个更慢的、更宽的老轨道上。而这场愚蠢的、循环往复的竞速赛将永远持续下去。

说到永恒持续的事物——那只蜜蜂！那只蜜蜂还在围着你的台灯飞吗？给它喂一些糖水，让它回到蜂巢。这可怜的小家伙一定累坏了。

蜜蜂和开普勒卫星，两位为科学献身的伟大英雄。

如今，开普勒的继任者是2018年发射的TESS，即凌日系外行星勘测卫星，人类关于新行星的探索还在继续。

一些激动人心的发现

我们已经发现了一些令人惊叹的行星和星系，是时候聊聊它们了。遗憾的是，因为我们一下就发现了好多好多，以至于我们还没有时间为它们每颗星都取一个很酷的名字。如果我厌倦了写像 Planet HD 80606b 这样的星球名字，并开始替它们编造名字，你千万不要觉得我是认真的。他们还没让我给这些行星正式命名。

假如你有机会选择一个新的地方居住，你会考虑这些星球吗？

比如有两个太阳的行星！

你还记得《星球大战》里卢克·天行者闷闷不乐地盯着沙漠另一边，而塔图因的双子太阳正在慢慢落山的那一幕吗？全世界的科学家都记得那一幕，他们都想找到那个**塔图因星球**。

幸运的是，他们中的很多人都做到了。根据最新统计，大概有51颗行星围绕双星系统运行。大部分时候，这些行星会围绕大恒星运行，但有时也会围绕较小的恒星运行。有时，两颗双子恒星也会相互围绕着对方旋转，这时行星将同时围绕着两颗恒星运行。试着算出他们有多少种不同的方式可以看到日食。TOI 1338 b 就是一个很好的例子，它大约比地球大7倍，同时围绕着一个"比我们的太阳大10％的大太阳"和一个"大约是我们太阳质量三分之一的小太阳"运行。这颗星球每15天就会出现一次日食！你几乎会厌倦看日食！**我把这颗行星称作：日食·乔！**

有三个太阳的行星又是怎样的呢?

我们也可以给你找一个!让我们穿梭到距离我们149光年的天鹅座,站在 HD 188753(或它的一个卫星——主要成分是气体)的表面上,你会看到三颗恒星相互环绕。

我称它为:三胞胎·玛丽!

那么,四个太阳的行星呢?

你猜怎么着?我们还真发现了一颗。开普勒 64 b(也被称为 PH 1)比另一颗气态巨行星海王星还要大,它每

137天绕一对双子恒星公转一周，同时距离它1448亿千米的另一对双星，则能够在这段时间内，绕着它们全部公转一周。它之所以被命名为PH1，是因为它是第一颗被业余天文学家通过访问某个网站发现的恒星。网站收集了未经检验的开普勒数据，任何人都可以通过研究这些数据来发现一颗行星。这颗行星是以网站的名字命名的，**但我打算叫它：四胞胎·鲍勃！**

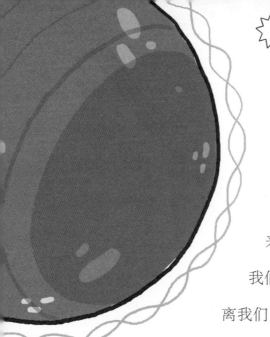

存在拥有水资源的
星球吗？

这个问题问得非常好，现实来看，水对生命来说是至关重要的，这也是我们在寻找的终极目标。在距离我们110光年的狮子座，我们在行星 K2-18b 的大气层中发现了水蒸气，我称它为"多云的苏珊"。多云的苏珊位于宜居带，但它的恒星具有相当强的放射性，这对生命而言不是个好兆头。另外，由于它比地球大8倍，重力也会大8倍，所以任何生活在那里的生物都必须有非常强壮的大腿，才能支持他们四处走动。所以只有大腿外星人才能生存在"多云的苏珊"上。

离太阳系最近的恒星是？

嗯，没有比恒星比邻星离我们更近的了，它"仅仅"距离我们4.2光年（40万亿千米）远。比邻星B是一颗岩态行星，它每隔11天就会围绕比邻星运转一周。它大约是地球大小的1.3倍，是离地球最近的系外行星。如果我们能找到一种方法来保护自己免受恒星的惊人**辐射**，我们就能去参观它们，只需要……嗯，很久很久的时间。我们稍后再来讨论这个问题。

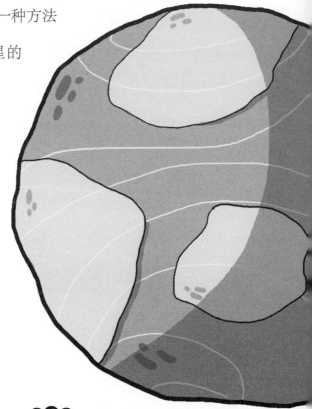

就像家一样

实际上我们对于系外行星的决定性疑问就是：

在这些系外行星中，到底有没有像地球这样的星球呢？

这取决于你对"像地球这样"的定义，是的，已经有很多合适的候选者了。甚至还有一种衡量行星"类地程度"的方法，从0到1根据行星的大小和表面温度等因素综合判定。显然，地球的分数是1分，已知有16颗系外行星的分数在0.8以上。最高的是KOI-4878.01，地球相似指数（ESI）高达0.98，这太棒了，但它离我们有1000光年远，所以即使我们以光速给他们发送信息，也需要2000多年才能得到答复。刚刚提到的最近的系外行星比

邻星 B 的得分为 0.87。

要说望远镜中最有趣的朝向，可能就是位于水瓶座的恒星特拉普斯特 – 1 了。特拉普斯特 – 1 有一个由 7 颗行星组成的系统，其中 3 颗位于 "宜居带"，2 颗位于十大类地行星之列。最令人兴奋的是行星特拉普斯特 – 1e，它比地球小一点，仅用 6 个地球日的时间就能围绕其恒星旋转一周。

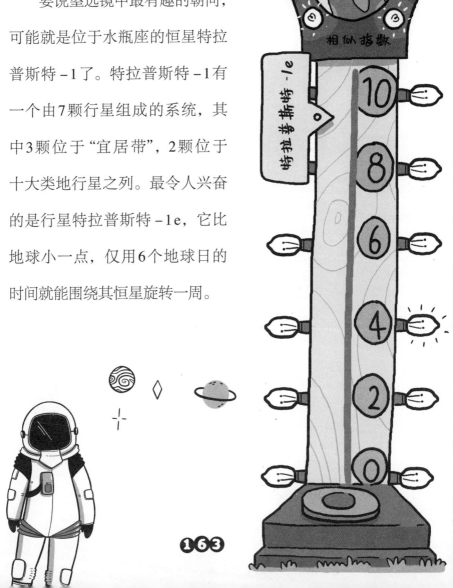

163

特拉普斯特－1e 是潮汐锁定的，这意味着它的一侧一直面对着恒星，而另一侧则永远处于黑暗中。如果那里存在生命，可能会生活在**光明**和**黑暗**的交界处，那里的温度最适合液态水存在。这个星球一年只有 **146 小时**，一侧只有白天，一侧只有黑夜，你能想象生命如何在这颗星球上生存吗？当然了，如果你的房子建在光明和黑暗的交界，你可以省下一半的窗帘钱。

NASA 的新詹姆斯·韦伯望远镜发射后，特拉普斯特－1e 将是它的重要观测区域。詹姆斯·韦伯望远镜的设计目的是用来观测、分析我们已经发现的**系外行星**周围的光，以

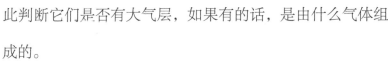

此判断它们是否有大气层，如果有的话，是由什么气体组成的。

这是科学研究中利用非常非常**微观**的现象研究非常非常**宏观**的事物的一个非常好的例子。这太神奇了，我们有必要花点时间来解释**为什么**它如此神奇。

从极微小到超巨大

原子非常微小，对吧？

自然界中的这些微小构件，组成了它们自己的小太阳系，其中有稍微重一些的中子和质子，周围漂浮着相对较轻的微小电子。

电子在空中飘着非常开心，可以和又大又沉的原子核保持一定距离。

它们只有在吸收了某一特定大小的能量后才能离开它们的"轨道"，而这个能量的大小

我在这里很开心，但只要给我足够的能量，我就会跳……到那里。

就"代表"它们具体是哪个原子。

假设我们用一束光穿过一团气体云，光是由被称为"光子"的光粒子组成的，它们的能量大小取决于它们的波长。当光穿过气体中的原子时，其中一些光子的能量正好满足电子所需要的能量。

光子的能量会被电子**吸收**，电子会从它们原来的位置**跃迁**到离原子核更远的"轨道"上。

好的，让我们开始吧！

这对电子来说是十分有趣的体验，但这不会持续很久，很快电子就释放完了多余的能量，并回到它原来的位置。然而穿越原子的光束却失去了所有特定波长的光子，它们都被电子的跃迁偷走了。

你能想象一些更微观的事情吗？非常非常微小的跃迁包含了非常非常微小的能量，但令人惊讶的是，我们却可以观测到它是否发生。我们可以用望远镜对准数万亿千米外的恒星，恒星发出的光会穿过系外行星的大气层，这使大气中的电子"翩翩起舞"。这会导致一些光子被吸收，也就无法随着这束光到达我们这了。当我说"到达我们这"的时候，有必要强调一下光长途跋涉的神奇旅程：光子跨越了如此遥远的距离，可能是数万亿千米，穿过空荡的太空，只是为了抵达那些我们发射到太空中去寻找行星的相机或望远镜上。

当我们观测接收到的光线时，我们可以检查是否有哪部分缺失了。

如果确实有缺失，那就很可能是被电子俘获了。

我们知道电子只会吸收非常特定的能量，这取决于它们具体属于哪个分子。

我们来了！好吧……我们大多数都来了！

我们通过电子的这种微小舞蹈可以判断大气中有什么气体。这就是通过最**微观**的现象来研究最**宏观**的事情。我们可以分辨出那里是否有氧气以供呼吸，云中是否有水，或者空气中氢气、氦气的含量，是否有致命的硫酸等其他无数的东西。我们甚至可以检测那些无法由大自然生成的气体，比如多年来冰箱运行依靠的是一种叫作氯氟烃（CFCs）的气体，这种气体实际上是不存在于大自然中的，而是我们通过工业设计制造了它。

如果一些气体是由智慧生物制造的，我们可以马上发现！

如果有一天我们从一个遥远的太阳系外行星传来的光束中发现了一种独特的、明显"**工业制造**"的气体，我们就可以百分之百地肯定，这颗行星曾经有过，或者现在仍然存在像我们一样的智慧生物。

这将是科学界最伟大的发现，而这之所以可行，就是

因为电子喜欢"跳跃"。

从极微小到超巨大。

当我们从这种刚刚经历的伟大的激动中恢复过来时，

我们将面临另一个关于我们探索外星生命的问题。

如果发现了他们，我们应该试着和他们沟

通吗？

我们如何拜访
外星人？

我们找到了一个可能有很多太空新朋友的星球。让我们去见见他们吧！这大概需要多长时间呢？

这需要很长很长的时间。

让我们从所有这些系外行星中选出离我们最近的：比邻星b，它围绕离地球第二近的恒星——比邻星运行，距离地球只有4.2光年。

这是一个有可能执行的短程旅行，对吧？

4.2光年的距离意味着一束光需要4.2年才能到达那里。光的速度是宇宙中最快的速度，当我们旅行时，我们的速度永远不能达到光速。我们之所以不能，是因为我们有质量，我们是由物质组成的。我们有重量，所以需要能量来让我们移动，我们甚至需要更多的能量来让我们移动得更快。我们始终无法达到光速，因为要让我们持续加速，就需要难以预计的巨大能量。我们越接近光速，加速

就越困难，而光却以最快的速度快乐地飞驰，因为它没有任何重量。

我们不可能在4.2年内到达那里，真是个坏消息，那我们需要多长时间？

呃……如果我说需要2万年，你还会期待吗？

是的，我们比光慢多了。

我们能有多快

人类所能达到的最快速度是1969年的阿波罗10号创造的。阿波罗10号是阿波罗11号登月之前的最后一次测试任务，主要任务是飞向月球，发射登月舱，在其下降到离月球表面仅14.48千米（9英里）的时候……不着陆并直接返回地球。

哎呦！

虽然我们现在看起来有点可惜，但是对于当时确实是十分合理的。每一次阿波罗任务都是对下一项任务可能性的考验，朝着将宇航员送上月球并带他们回家的终极目标不断迈进。登月舱必须经过测试，科学家需要保证它不需要复杂的登月和起飞过程就能够重组并返回地球。

但是……

我的意思是，这是一段令人惊叹的旅程，是自1972年以来人类最伟大的旅程。如果有人向我提供一次飞向月球的旅程，在距离月球表面约14千米的上空掠过，我会毫不犹豫地接受，因为这将是一次终生难忘的旅行！这样的景象历史上只有24个人见过！但是，你还是想踏上月球对吗，毕竟我们已经跑了这么远的路了！

另外，你知道的，下一次飞行任务就是登陆月球。历史将永远记住尼尔·阿姆斯特朗这个名字，而不是托马斯·佩顿·斯塔福德。后者是阿波罗10号的船长，也是那次任务中唯一一个在之后的旅程中没有返回月球的人。托马斯·佩顿·斯塔福德，你会因此而闻名于世（除此之外，你还是一名出色的宇航员，以及驾驶过120种不同类型的飞机和3艘不同宇宙飞船的试飞员）。

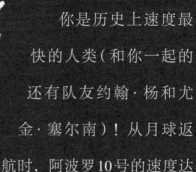

你是历史上速度最快的人类（和你一起的还有队友约翰·杨和尤金·塞尔南）！从月球返航时，阿波罗10号的速度达到了39897千米/小时（24791英里/小时）。听起来挺快的，不是吗？

以这样的速度，你只需要26分钟就可以从伦敦到达悉尼，尽管当你从悉尼歌剧院前呼啸而过的时候，你很难从窗外认出它。那么，以人类有史以来最快的速度，需要多长时间才能到达离我们最近的恒星比邻星？

答案是：114155年。

这不是一个快速的旅行。

困在轨道上

当然，现在的宇宙飞船肯定更快了。那个速度记录是在50多年前创下的，而宇航员之所以没有更快地飞行，唯一的原因是他们从那时起就没有去到更远的地方，而且他们所去的地方都有一个非常明确的速度限制。自从登月以来，所有的太空旅行都是围绕地球轨道进行的，这些轨道距离地球是非常近的。国际空间站的轨道距离地球只有400千米。为了保持在这个轨道上，空间站必须以一个特定的速度运行，以便不断地围绕地球"飞行"。这样，它就不会被地心引力拉到地球上，并且可以永远"飞行"在轨道上。你听说过的所有卫星——间谍卫星、GPS卫星、为我们转播足球比赛的卫星——它们都有一个非常特定的运行速度，以保持它们在自己的轨道上。

对于距我们400千米的国际空间站来说，这个特定的速度是27580千米/小时。一直以来，空间站都以如此快的速度在地球上空飞行。这意味着它绕地球一周只需90分钟。有些人（通常是父母，他们不擅长这部分知识）认为，如果飞船飞得那么快，里面的宇航员肯定会一直**被压在椅背上**，就像当汽车加速时，你会有推背感。不是速度让你被压在椅背上，而是速度变化的快慢——**加速度**。这是因为改变物体的速度需要外力，而当速度不变时，你就感觉不到任何外力，所以无论你的速度是多少，你都不会被压在椅背上。

试试这个：把你的一个朋友、一个兄弟姐妹、一只宠物或一个大型金属保险箱放在超市的手推车上，然后推动手推车。

你必须用力推才能让手推车动起来——就是这个力，乘客可以感觉到这个力带给他们的推背感——但是一旦手推车开始前进，他们就可以在没什么推力的情况下保持速度……好吧，手推车还是会减速的，这你是知道的——但这主要是因为车轮和地面之间的摩擦力，所以我们应该改进一下这个实验。

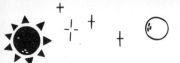

还是把你的朋友、兄弟姐妹、宠物或一个大型金属保险箱带到滑溜溜的、结了冰的湖面上，然后把他们放进购物手推车里，再推他们一把。如果你任由手推车行进，它就会保持这个速度，直到有什么东西迫使它停下来，比如撞上湖对面的一棵树。停止运动也是速度的改变，所以物体需要再次受到某种外力，只不过方向是与运动方向相反的。

对于绕轨道飞行的宇航员来说，加速度是在发射过程中产生的，当火箭起飞时，显然会有相当大的外力作用在他们身上。这种力是非常巨大的，在起飞过程中，他们会感受到被三倍重力的力量压在座位上。想象一下，你坐在一张椅子上，然后另一个你坐在你身上，然后又来了另一个你坐在你俩身上。那你可能会呼吸受到压迫，也无法移动。但几分钟后，神奇的事情发生了。当他们以神奇的27580千米/小时的速度到达预定轨道，宇航员开始了不断

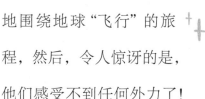

地围绕地球"飞行"的旅程，然后，令人惊讶的是，他们感受不到任何外力了！

他们飘起来了！ 他们没有受到加速度影响，不论是火箭的推力，还是地球的重力。他们保持着自由落体的状态，所以他们感觉不到任何外力，甚至感受不到重力，他们在舱内处于失重、漂浮的状态。

　　这种变化是非常显著的，但非常不舒服。 许多宇航员在进入这种非自然状态的头几天里，都会出现严重的恶心和呕吐等不良反应。随着他们对新环境的适应，这些症状开始逐渐消失，但其他一些长期的健康问题会随之开始出现。

太空中的时光

科学家们已经做了很多关于长期在太空生活的研究。正如我们之前说过的，即使是到离我们最近的恒星也需要很久很久的时间。人类在太空中待的最长时间是879天，这项记录由俄罗斯宇航员根纳季·帕达尔卡创造，他共执行了5次任务，每次任务约6个月。佩吉·惠特森保持着美国航空航天局（NASA）665天的记录，她共执行了3次任务。最长的一次太空飞行任务是由瓦莱里·波利亚科夫完成的，从1994年1月到1995年3月，他在和平号空间站度过了438天。

当然，这些都是巨大的成就，但并不能帮助到我们前往比邻星的计划。事实上，这些甚至不能让我们往返火星。

到我们最近的邻居火星的飞行时间预计为6～8个月，这取决于我们出发时这些行星在它们轨道上的位置。你可能会认为，在这么长的路程之后，我们会在火星待上一段时间，然后再花6～8个月的时间回家。因此，火星任务大约需要3年时间，其中大约一半时间我们都将在失重状态下度过。

以下是在太空中度过了年身体可能出现的问题。

你在旅程中将保持失重状态，这听起来很棒，但我们的身体习惯了不断对抗**重力**。我们的肌肉和骨骼一直都在与地心引力做斗争，特别是当我们必须起床上学，或者必须打扫卫生的时候，地心引力都特别强——这些都是你的父母们从未在学校里学过的，但你肯定已经懂了。

如果你要在**失重状态下旅行**好几个月，你必须经常锻炼，也许每天两小时，以便让你的肌肉和骨骼保持强健。这对你的心脏也是必要的。在日常生活中，它一直在泵血，以保证你的血液在身体中循环往复，所以它也在对抗重力。**如果没有重力，你的心脏就不需要那么努力了。**随着时间的推移，我们的心脏可能会变弱，当你回到地球时，心脏可能就会没有那么强健了。

所以，我们需要多花时间在跑步机上。

聊够了绕轨道运行的空间站，还是让我们回到登陆月球的话题。在月球，我们可以测试一些技术在其他星球上的情况，还可以尝试采矿，尽管采矿的原因与在地球上截然不同。在月球上，最珍贵的东西并不是黄金和钻石，而是普普通通的水。正如一位科学家所说，"水是太空中的油"。

水，一般我们都用来喝、洗衣服、冲厕所、给水枪补水等，这些都是我们日常生活中使用水的场景。但水是由氢和氧组成的，如果我们可以分开它们，我们就可以用氧气来呼吸，用氢气充当火箭的燃料。如果我们能在月球上找到足够的水源，我们就可以把它作为一个低重力的发射场，把火箭送入更远的外太空。

很多国家都支持建立一个空间站的提议，就像国际空间站那样，只不过是围绕月球轨道运行，这个项目由于种种原因被推迟到2024年，并且有可能继续推迟。我们还可以在彗星上发现水，这些彗星通常被描述为"脏雪球"，因为它们由冻结的水、甲烷、二氧化碳等冻结物质组成，与岩石和灰尘混合在一起。如果你能在其中一个上着陆，它就可以作为火箭的临时燃料补给站，另外，在彗星上着陆本身就已经很酷了。

我们太空之旅的下一站是火星。正如我们之前说的，登陆火星将是一个为期3年的任务，目前还没有任何关于将人类送上火星的计划，虽然我们目前发射的所有**火星机器人**和火星漫步者都已经表现得非常出色了。因为火星的重力是地球重力的三分之一，所以在一段时间内，你会拥有**超级力量——耶！** 直到你的身体开始在低重力环境下偷懒了，你就开始变得越来越虚弱——**不！**

　　另一个在**红色星球**之旅中会遇到的长期健康问题就是：每次你改变环境的时候，你都必须重新训练你的平衡和协调能力——当你从地球的重力环境过渡到失重状态，再到火星的低重力状态，然后重回失重状态，最后回到故事的起点——地球的重力状态，那时你会被重力的变化搞得很虚弱，**摇摆不定**。

　　当宇航员在国际空间站上待了6个月后返回地球时，他们一开始很难站起来，因为重力对他们来说是如此陌生且**无法抵抗**。如果你看到国际空间站宇航员返回地球的照片，宇航员们总是坐在躺椅上勉强微笑着，你要知道这可能是他们唯一能使上劲的地方。

长途旅行

3年就是我们往返火星所需的时间。在这本书的前面，我们提到了冰封的木星卫星木卫二，围绕着土星运行的土卫二，它们都是太阳系中最有可能存在生命的星体。

土卫二和木卫二的冰层下都有广袤的海水。我们当然可以降落在那里，轻敲冰面，看看有没有谁会回应。这很难做到吗？

我们还是先来聊聊距离。我们到木星"只需要"3年的时间，但由于它是一个如此巨大的行星，它会把各种各样的东西拉到它周围的轨道上，包括大量的放射性带电粒子。木卫二是一个极其危险的着陆点，除非你驾驶的是一个又大又厚、覆盖着铅的火箭，而且这样会比普通火箭更

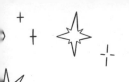

重、更慢。此外，我们怀疑其表面可能有五层楼那么高的巨大冰刺，可以让任何在那里着陆的人——用 NASA 的话说就是："有点疼"。

土星甚至更远。我们把卡西尼号发射到那里花了**7年**时间。要想在不负载大量燃料的情况下完成如此漫长的旅程，唯一的方法就是利用木星的"引力弹弓"。航天器飞行到木星附近时，短暂地被木星的引力吸引，然后以更快的速度被木星甩出去。这就好比你滑过一个旋转木马，抓住其中一个木马一秒钟，然后松手被更快地甩出去。

对于节省太空旅行的成本来说，这是一个绝妙的技巧，但你需要土星和木星处于正确的位置，而这种情况每20年才会发生一次。上次它发生在2000年，因此我们在1997年发射卡西尼号才能及时到达木星。下次这样的机会是在2037年，因此我们将在2040年到达木星。如果你错过了那班车（就像我们错过了2020年的机会——我们在2017年还没有做好执行任务的准备），你必须等上一段时间才能等到下一班车。

让我们加快速度

　　所有的东西都很远，所以我们不是应该试着让火箭更快吗？的确，火箭在过去的50年里确实更快了一些。最快的非载人航天器是美国航空航天局的帕克号太阳探测器，它的速度达到了近247000千米/小时（比阿波罗10号快6倍），它同时保持着有史以来离太阳最近的记录。该任务预计将在2024年到达距离太阳约400万千米以内的地方，在这样的高温下，你会希望能够快点离开。显然，这不是一个载人任务，但如果我们能制造一艘这么快的可居住宇宙飞船，它

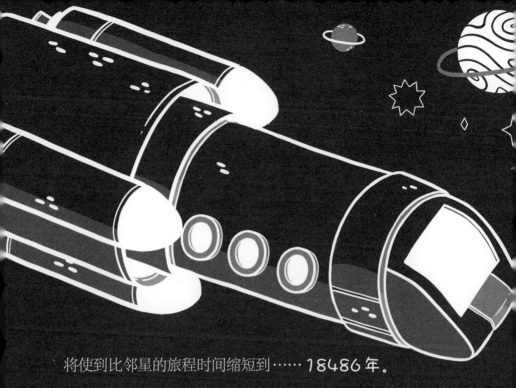

将使到比邻星的旅程时间缩短到……18486 年。

完成这一旅程的一种方法是创建一个愚公移山式的任务。

你建造了一艘非常非常巨大的宇宙飞船，里面能够种植食物，配备有可循环使用的水和空气，然后选择一些愿意完成这个任务的人生活在这里，并教育他们的孩子不断继承意志，最终到达另一个星系。他们可能需要这样生活几百年，也许几千年。

你甚至可能不需要设想那么多的人。曾有两名法国科学家试图找出一个公式，证明到底需要多少人才能使一艘宇宙飞船无限期地航行。即使不考虑偶尔发生的坠机、爆炸或瘟疫爆发，他们估计需要98人——也就是49对父母——才足以让一艘宇宙飞船一直驶向比邻星。这数量和你班上的同学再加上他们的父母一样。想象一下，这群人，要全都挤在一艘宇宙飞船里生活将近2万年。

这艘船仍然需要足够大，以具备生物穹顶和绿色空间以种植食物，饲养牲畜，并且满足不断变化的人口。你总是需要有人承担医生、牙医、机械师等所有必要的工作，所以可能会强迫很多人做他们不想做的工作，飞船内的气氛可能不太快乐，而且窗户外面也没什么景色。我们一旦离开太阳系，

可我不想成为一名牙医！

路上几乎不会经过任何有趣的地方，直到我们到达比邻星，所以这是一个非常沉闷且空虚的旅程。

最大的困难可能不是建造这艘飞船，而是让每个人都为这一任务兴奋几千年。过了一段时间，船员就会变成一群从未见过地球的人，他们可能会决定让飞船掉头回家。你能因此责怪他们吗？我们甚至不确定比邻星有没有冰激凌，有没有水上乐园或者其他什么。

如果你能让所有的船员都在**旅途中休眠**，那就容易多了。欧洲航天局已经对这一提案进行了研究，尤其是如果移除所有的生活空间，飞船可以更小、更轻，需要更少的燃料就能达到更快的速度。我们可以携带更少的食物和补给。睡觉的人吃得少得多，尽管他们起床后可能会想要一顿**丰盛**的早餐。

当熊冬眠时，它的新陈代谢，也就是它的内部能量消耗会降低75%。当然，人类生来就不会冬眠，但有时为了保证安全，在手术中会让人失去知觉，有时在意外事故发生后，患者会被置于一种体温过低的状态，通过将身体快速冷却，减缓新陈代谢，为适当的医疗救助争取时间。**任何人处于这种人工休眠的状态都不能超过两周。** 医生们通过让病人长期昏迷来控制病情，但同样，昏迷时间也几乎不会超过两周。

让我们来谈谈休眠的一个好处。像熊一样，人类在休

眠前也可以明智地储备一些食物。宇航员通常都很苗条、健康。一名处于冬眠状态的宇航员将被允许食用更多的巧克力，他可以声称这是旅途中所必需的。他们现在已经对抵达比邻星感到兴奋了。现在他们可以先大吃特吃一顿了，这是个双赢的局面。

可以用机器人吗

　　另一个稍微疯狂一点的想法就是，把你的大脑模拟上传到一个机器人或半机械人身上，然后把它送上宇宙飞船，旅行18486年。它不需要食物或饮料，也不需要持续的锻炼。机器人可以到达一个重力、辐射和大气层都截然不同的星球，并随时准备出发。唯一的问题是，我们还不能对我们的大脑进行"快照"。有些公司声称能够将人类大脑原封不动地冷冻起来，然后，也许在未来某一天，解冻并恢复大脑。但是还有个极其细微的问题，我甚至不知道我为什么要提到它，因为这是一个非常小的问题——这个过程百分之百是致命的，这将终结你的人生。我想我宁可在飞船上度过无聊的18486年的旅程。

相反，我们可以派遣一个拥有**人工智能大脑**的机器人作为我们的使者。它可以和当地人沟通，然后把他们的回复反馈给我们。在这种情况下，它可以利用机器人的所有优势，而且它能够以人类的方式对待这些**新的文明**。但这跟你承诺的会面不太一样，对吧？你宁愿亲自和外星野兽的触手握手，也不想通过机器人来传递电子邮件和**明信片**，以这样的方式和银河系另一边的外星人交朋友。

一种更奇怪的旅行方式

让我们尝试一些更狂野、更不现实的方法。一定有一种快速穿越遥远路程的方法。已经拍了很多电影了！我们坐飞船去多维空间吧！**启动曲速引擎！** 我们什么时候才能用上这种技术？

我们可以尝试在空间中打开一个"虫洞"，用黑洞来扭曲空间和时间，以至于你可以把星系的两个部分连接起来。这种想法的依据是黑洞会将空间和时间弯曲得非常之大，以至于它的不同部分会因此相遇，并在两点之间形成一条路径，或称"虫洞"。这将允许瞬时旅行，而且在很长一段时间内人们都认为这个方法理论上是可行的，这是一个很唬人的科学说法，意思是"这可能行得通，但不要寄希望于它"。

黑洞是宇宙中最神奇却又最具破坏性的东西。当整个恒星的质量在自身重量下坍缩成一个密度惊人的点时，黑洞就产生了。

　　想象一下，一颗恒星的所有质量都挤压在你指尖最小的一点上。但它不会在你的指尖停留太久。嗖！它会直接把你吸进去。引力是不可思议的，即使是光，也无法逃脱。你可以把光照射到黑洞上，但没有任何东西会反射回来。这意味着它是完全黑色的，因此得名"黑洞"。

　　任何附近经过的东西也都会被它的引力吸进去。一个黑洞会愉快地吞噬整个星系，更不用说一艘宇宙飞船了。所以把它们当作传送门是个很疯狂的想法。而且，正如你

所想象的那样，创造一个黑洞以在空间中撕开一个口子将需要相当大的努力。物理学家基普·索恩估计，制造一个约91厘米长的虫洞所需的能量相当于**蒸发木星**所需的能量。当然，除了我们自己制造，虫洞也可能是由一个自然存在的黑洞创造，它连接着另一个黑洞，就像出现在太空中的**秘密通道**或捷径一样。我们的星系中心有一个黑洞，虽然我们还没有任何证据表明它的背后有虫洞，但我们依然在持续观测。

另一种选择可能是"折叠"空间和时间，而不是撕开它。1994年，一位名叫米给尔·阿库别瑞的墨西哥物理学家提出了"**阿库别瑞引擎**"的想法。这是一种理论上的引擎，可以将宇宙飞船置于一个"**曲速泡**"中，不受宇宙其他部分的影响。这样它就可以乘着"波动"前进，前方的空间收缩而后方的空间**扩张**。这里的一个极小的问题

是，没有人知道如何制造一个"曲速泡"，即使你能制造一个，也没有人知道如何离开它。

但那会很快！

相比之下另一种选择却需要18486年。

这些就是你的选择：被黑洞**挤扁**，在冰桶里睡上**很**

长很长的一觉，或者去一趟你的曾曾曾曾孙们才可能完成的旅程。

我们的问题还没有结束。即使我们找到了外星人朋友，我们要对他们说什么呢？

太空深处……

银河系

我们如何与外星人交谈？

当然，我们多年来一直试图与外星人对话。通常假设他们几乎和我们一样，而且离我们很近。在19世纪20年代，数学家卡尔·弗里德里希·高斯（顺便说一句，他非常聪明）发明了一种与外星人交流的方法，只需在西伯利亚的荒野上种植巨大的松树林，整片树林的形状是直角三角形，且每条边都挨着一个正方形。高斯认为，俯视我们的外星人会看到这些三角形，认出**勾股定理**（不管他们在自己的星球上叫什么），认为这些三角形不太可能自然地出现，**这是地球上存在智慧生命的证据。**

当然，如果外星人能看到这些巨大的三角形松树林，他们可能就能看到世界上所有的城市，包括高斯本人居住的德国，并由此推断出这里存在智慧生命。关于这一观点是否由高斯提出，仍有一些争论，但高斯的确建议过建造100面巨大的镜子，将太阳光反射到月球上，用于"向我们的邻居发出信号"。如果有人在月球上，这种方法将完美地

重现人类的体验：当你在数学课上无聊地坐着，老师在讲勾股定理，而你的一个同学将手表或铅笔盒的光线反射到你的眼睛里。

没有人解释过为什么卡尔·弗里德里希·高斯想要这样激怒月球上的人，他在学校里显然是个捣蛋鬼，但令人惊讶的是他居然能成为一名科学家。

其他对此感到好笑的科学家还包括维也纳天文台的约瑟夫·约翰·冯·利特罗。据说，1840年，他提议在撒哈拉沙漠挖一条约3000米长的壕沟，然后用可爆炸的液体煤油填满，最后点燃它。你知道的，为了外星人？给他们捎个信？关于地球上的生命？当然不仅仅是因为点燃一个约3000米长的壕沟会很酷。尽管如此，冯·利特罗还是想让壕沟具备数学意义，就像高斯想要种植成三角形一样。这不算是一个太糟的主意。

对，烤棉花糖也是为外星人准备的。

216

用科学传递信息

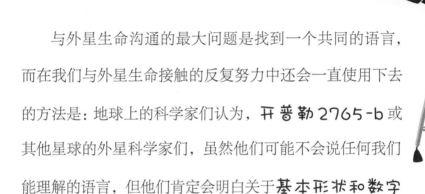

　　与外星生命沟通的最大问题是找到一个共同的语言，而在我们与外星生命接触的反复努力中还会一直使用下去的方法是：地球上的科学家们认为，开普勒2765-b或其他星球的外星科学家们，虽然他们可能不会说任何我们能理解的语言，但他们肯定会明白关于基本形状和数字的数学知识。

　　你可能有绿色的皮肤和四条胳膊，但3仍然是质数。如果你足够先进，能够看到我们向你发出的信息，你就有可能在使用望远镜时发现质数。因此，纵观历史，我们向太空传达的信息对他们来说是非常富有科学感的。

1941年，英国天文学家詹姆斯·金斯爵士提出建造一个巨大的探照灯，以质数序列发射光脉冲，作为发向太空的信标。

1974年，波多黎各新升级的阿雷西博望远镜以23×79个正方形（均为质数）的网格形式发射了一条无线电信息，网格上绘有望远镜、一些 DNA、一个卡通化的人类和我们太阳系的图像。

这条信息被发送到一个名为大力神星团的恒星集合上，

这似乎是个不错的选择，因为它包含了成千上万颗聚集在一起的恒星。不过，它距离地球21000光年，所以可能还需要42000年我们才能得到答复。如果他们还寄回他们自己的卡通形象，或者对于我们送给他们可爱的地毯设计表示感谢，那就得等很久了。

不过，我们发送的一些信息的时间可能会比这更长。1972年，当太空探测器"先驱者10号"发射升空执行访问木星的任务时，美国国家航空航天局清楚地意识到，在完成任务之后，它将继续不断地飞行，离开太阳系进入外太空，如果其他文明发现它，在它身上留下某种**签名**可能是件好事。为了实现这一目标，火箭上搭载了一块金制牌匾，上面有一男一女的裸体照片、太阳系的示意图和太阳的方向图。

　　为了做到这一点，科学家们利用脉冲星作为参考地图。还记得之前提到的脉冲星吗？它们是快速旋转的恒星，1967年由约瑟琳·贝尔·伯奈尔在剑桥的一块田野中发现，但最初我们错误地认为这是外星人发出的信息。现在我们知道它们发出的脉冲是有规律的，独一无二的，因此我们可以用它们作为参考地图。有趣的是，我们已经将它们包含在我们发送给外星人的信息中了！

　　在金制牌匾上，我们展示了14个不同的脉冲星以及我们与它们的距离。这有点像谜题，但科学家们喜欢谜题、谜语和难解的问题，他们假设外星科学家可能也是如此。

也就是说，我们50年前才发现脉冲星，所以直到最近我们才解开这个谜题。这是向其他文明传递信息的另一个问题：我们不知道它们会发展到什么程度。

开始一段对话

之前我们回顾地球上生命的历史时，我们追溯了 **45 亿年**。然而直到最近50年才有人知道脉冲星是什么，**除非我们严重低估了恐龙的文明程度。**

如果外星人捕获了先驱者号宇宙飞船，发现了金匾，弄清了我们的位置，一路与我们相遇，然后惊讶地发现我们并非都赤身裸体地四处行走。如果他们担心我们在生活中确实赤身裸体，那么出于礼貌，他们也赤身裸体地拜访呢？当我们穿好衣服而他们没穿的时候，那会很尴尬的，**会非常非常尴尬的。**

不过，我们暂时不必顾虑这个问题，因为先驱者10号在200万年后才会接近另一个恒星系统，那么往返一次就需要400万年，当外星人拜访地球时，有可能发现的是其他文明而不是我们，这也是非常尴尬的。这就像敲别人的门，开门的是个陌生人，他回答："哦，不，他们已经不住在这里了，他

们两百万年前就搬走了。"想象一下，如果明天就有外星人来到地球，期待着见到恐龙，而我们不得不告知他们已经晚了6500万年。如果他们还是赤身裸体的，那就更尴尬了。

外星人能理解我们发送给他们的信息吗？这是一个很难回答的问题，而且涉及很多猜测。即使观察地球上所有奇怪而多样的生命形式，也可能无法让我们对外面的世界有所准备。不过，我们的猜测可以基于以下几个假设。

外星人和我们都生活在银河系，所以我们确信他们将拥有和我们一样的物理法则。他们会有重力、电和所有的力。元素周期表将保持不变，化学物质将以同样的方式结合。他们的大部分能量可能也来自他们的太阳。

而且，在最基本的层面，动物们将不得不遵守**优胜劣汰的自然法则**：依靠星球上的资源生存，尽量避免成为其他动物的食物，并且繁衍生息。这里就不过多展开了。

我们可以根据外星动物所生活的世界来猜测它们是如

何进化的。进化是动物经过数百万年的变化和发展，在其生活环境中更成功的生存方式。我们的进化是基于 DNA 的一系列基因突变，而 DNA 是我们细胞中的代码，包含了构建我们的指令。随着每一代新生命的诞生，父母的 DNA 就会被复制下来，可能会伴随一些微小的错误、突变和改变。有时这些错误会让生存变得更困难，这样的改变就无法被传递下去。

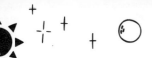

有时，这些错误会让生存变得更容易，而且确实会被传递下去。因此，一代又一代，生命变得越来越适应环境，也越来越多样化和特异化。**我们不知道外星生命是否会有 DNA**，但无论他们使用什么代码，他们仍然会像地球的动物一样承受同样的压力：吃，不被吃，繁衍自己的小后代。所以，他们很可能已经进化到适应他们的环境，这给了我们一些关于他们可能会以何种形式出现的**线索**。

有些东西太有用了，不得不在特定环境中进化出来。例如，我们生活在一个有**厚厚**的大气层的星球上，这有利于飞行。所以进化出翅膀是十分有用的。这就是昆虫、蝙蝠、鸟类和翼龙（在恐龙时代能在天空飞行的爬行动物）都分别进化出翅膀的原因。然而这些动物之间的关系并不像人类与猿类的关系那样密切。它们不是近亲，没有相似的

种族特征。翼龙是爬行动物，蝙蝠是哺乳动物，鸟类和昆虫是（＊翻一下笔记＊）……就是鸟类和昆虫。四种不同的动物家族，但它们都发展出了飞行的能力，因为飞行在我们的大气层中可以实现。

不用语言交流

如果生命是在一个气态巨行星上发展起来的，那里厚厚的云层会阻碍阳光的穿透，在这种环境下眼睛可能就没那么必要了。假如我们抵达了这样一个星球，离开我们的飞船，走进厚厚的云层，去会一会外星朋友。当地人将进化出一种截然不同的沟通方式，并通过眼睛以外的方式"看"这个世界。也许它们会利用声音，就像蝙蝠在黑暗中使用回声定位来"看"路一样。蝙蝠不是"瞎子"，在黑暗中它们会发出"咔哒咔哒"的声音，通过倾听回声来定位快速移动的昆虫。海豚和鲸鱼也利用回声定位来捕食小鱼和在海中巡航。

　　我们应该把蝙蝠和海豚送到这些遥远的星球上，这样它们就可以向我们报告它们的发现了。但是蝙蝠和海豚其实不太合拍，它们发出的声音略有不同，这会让对方感到不安。它们有可能一路都在吵架，就像一家人的汽车旅行一样。蝙蝠就像是动物世界里令人恼火的小弟弟。

　　幸运的是，我们从它们身上获得了启发。人类版本的回声定位包括雷达和声呐。**雷达**是一种可以向空中发送无线电波的探测系统，用于定位飞机；而**声呐**则可以在水中通过声波来定位船只和潜艇。我们也许可以为宇航员装配一些东西。

也许外星人可以像鲨鱼一样利用电感应来观察周围的环境。一些动物利用电流定位感知周围电场的微小变化。海豚就可以做到这一点，似乎大自然还嫌它们不够聪明。蜜蜂和澳大利亚鸭嘴兽也可以做到这一点。**它们可以组成一个奇怪的超级英雄团队。**

有些动物（如南美洲的钝鼻刀鱼）甚至通过电子通信进行交流，发出电荷来警告其他动物或吸引配偶。这种技能听上去在外星很常见。如果真是这样，我们可能就无法加入对话了，或者至少觉得困难很大，有点像两个朋友间交流甚欢，却对第三个朋友充耳不闻、视而不见。

我们发现的生命很可能根本不知道太空是什么，要么是因为他们的行星有**厚厚的云层**，要么像太阳系中最有可能存在生命的两颗星球一样，木卫二（木星的卫星）和土卫二（土星的卫星），它们的内部都是被冰壳包围的巨大海洋，生命可能存在于一个**颠倒的世界**。在那里，由于自

身的浮力，生物会一直

向上被压到"地面"（冰壳的内层）。这些星球上

的生物可能甚至都没有意识到，在他们的世界之外还有一

个渺茫无垠的宇宙。

超级英雄的力量和太空流感

造访另一个星球也可能是成为超级英雄的捷

径。如果这颗行星比地球小，或者密度比地球小，那么

那里的重力就会变小，那里的人就会进化为适应较小重力

的生物。相比之下，因为习惯于对抗更强大的重

力，我们的肌肉更加粗

壮，骨骼更加坚硬。如果我们刚刚从地球的重力中解放出来，那么我们就能自由地飞跃那些小建筑。火星就是个不错的例子，这是一个只有我们38％重力的行星。

当然，这种情况也可能恰恰相反。到目前为止，我们发现的许多系外行星都是"超级地球"：一个更大版本的地球。在一个比地球大8倍的星球上，光是努力保持站立都已经使我们筋疲力尽了。那里的人可能比我们强壮得多，但他们应该主要想知道我们为什么要长途跋涉来到这里，而且是精疲力竭地到达。这肯定能平息我们与外星朋友"比划比划"的冲动。

此外，那些巨大、强壮的外星人对于我们的威胁可能不如那些我们看不到的外星人严重。生命都是从很微小的体型发展成很庞大的个体。但这些小家伙并不会消失。微生物占地球上所有生物比重的15％。

我们与细菌和病毒一起生活了40亿年，但它们仍然可以通过突变使我们的世界发生翻天覆地的变化。想象一下，我们到达的一个新星球上，所有微生物都是从未见过的，我们的免疫系统将遭受前所未有的持续攻击。

难怪当宇航员从月球返回时，他们要被立即隔离，以防他们携带某种**太空流感**。当**阿波罗11号**的宇航员尼尔·阿姆斯特朗、巴兹·奥尔德林和迈克尔·柯林斯被抬出

着陆点时，他们迅速穿过欢呼的人群进入隔离区，在那里待了3周，甚至比他们往返月球的时间还要长。更不用说这是参观了月球——一个死气沉沉的地方（除了他们留下的粪便）之后。

寻找共同点

但是，正如我所说，与外星人交谈就已经是最大的问题了。我们以前也尝试过。在先驱者号任务之后，1977年又发射了旅行者号探测器。这一次，探测器中携带了一张金色的音频唱片，就像一张黑胶唱片，你可以用针在转盘上播放。同时，如何演奏它的说明也被发了过去。

我们又遇到了一个问题，如何把速度和距离这些我们通常通过数字来交流的信息，传达给外星人，虽然他们可能有数字，但他们的数字可能和我们的不一样。我们以十、百、千为计数单位，因为我们有十根手指，开始以十为单位计数是很自然的。如果外星人不是十根手指呢？如果他们有12根，或6根，或压根没有呢？所有的计数系统都是不同的，我们的数字对他们来说没有任何意义。

那么有没有某种全宇宙通用的法则，它可以同时代表地球上的单位距离，以及1611亿千米外的开普勒-458b上的单位距离？或者牛的高度？书架的宽度？足球的半径？

看看周围，试着想想有没有什么东西全宇宙都是一样的。毕竟，在短短几百年的时间内，我们一直在用"手"来衡量事物，前提是每个人的手都差不多大。那没手的外星人该怎么办呢？

为了让事情变得更直截了当，人们在1791年发明了距离单位：米。后来，米的长度被定义为巴黎到北极距离的百万分之一。在某一阶段，巴黎的一家博物馆里甚至还保存着一根"米棍"，所有的尺子都必须以它为标准。当然，这些都对开普勒星人没有任何意义，因为他们从来不去巴黎。

现在，1米被重新定义为"光在真空中在299792458分之1秒内所走的距离"，虽然这个定义不那么吸引人，但我

之前我是被那样安排的……现在我又被这样安排了！

们认为，至少这个单位在宇宙中的任何地方都是一样的。同样地，在设计金唱片时，科学家们希望在宇宙中的任何地方都能找到某种相同的东西，他们选择了宇宙中最常见的"东西"：**氢原子**。

氢原子中间有一个质子，外面漂浮着一个电子。你还记得我们说过电子吸收能量，而恒星的光会因此而"丢失"一些吗？氢也一样，它吸收特定波长的能量，不是为了跃迁到另一个轨道上，而是为了让它的**电子"翻转"**。

我们经常看到恒星发出的光上有一条黑线，这是由于氢"窃取"了这个特定波长的光。这个波长为21.1厘米，这个距离在宇宙中任何地方都应该是一致的，因为氢无处不在，它们在宇宙中任何地方都在跳着同样的"回旋舞"。

在金唱片上，有一张两个氢原子的小照片，一个的电子指向上，另一个的电子指向下，还有一个箭头表示它们之间的距离。是的，这是一个猜谜游戏。我告诉过你，科学家喜欢猜谜。他们也很乐意向一些外星科学家发送谜题。

因此，假设这些外星人成功捕获了疾驰而过的旅行者号探测器，然后解决了科学家留给他们的谜题，进而计算出了21.1厘米的长度，建造了唱片机，并开始以合适的速度播放这部唱片，那么……

唱片的内容究竟是什么？

谜题的奖品是一系列地球编码照片，从多角度展示了地球上的生命形态，还包括 DNA、生育、地球上的动物、从太空拍摄的地球图片等。除此之外，还有大自然的声音录音和来自世界各地不同文化的音乐片段。最终，这张唱片以来自全球55种不同语言的问候语结束。在英语中，这个问候是由科学家卡尔·萨根6岁的儿子说的。卡尔·萨根是这张唱片的组织者，他儿子说的信息是："你好，我代表地球上的孩子们向你表示问候。"

外星文明能理解这些信息吗？对他们来说这一切都是司空见惯的吗？可能不是，也可能是，但更重要的问题是：如果我们收到类似的信息，我们会有什么反应。我们不必理解录音内容，因为发现录音这件事本身就是有史以来最激动人心的事情。

跨物种交流

很高兴我们最终能找到一个方法与外星人打破语言障碍，但显然我们有一个不要过于自信的理由。多年来，我们一直试图在地球上与"外星人"进行交流，但收效甚微。

类人猿与我们有着非常密切的关系，长期以来，我们一直在努力寻找与它们共通的语言。加利福尼亚有一只名叫科科的大猩猩，它在一生中学会了2000个英语单词和1000个手势。很明显，大猩猩不能说话，所以人们在听障人经常使用的手语基础上，教它一种简单的手语，这项实验因此取得了巨大突破。科科可以用手语来开玩笑或者侮辱它的人类同伴（它会说"你这个呆子"或者"你这只鸟"——被称为鸟似乎是对大猩猩的极大侮辱，所以下次你在超市里和大猩猩争论最后一根香蕉归谁时，记得试试）。它可以表达自己难过的心情，也能够共情其他人的悲伤情绪。

有一段时间，它想养一只小猫，当它得到一只玩具小猫而不是一只真正的小猫时，科科做了"难过"的表示，直到最后给了它一只真正的小猫，它把这只小猫叫作"ALL BALL"。据描述，它非常温柔，非常宠溺这只小猫。不幸的是，一年后，All Ball 被一辆汽车撞死了，当饲养员告诉科科这个消息时，它做出了"难过，悲伤，难过"和"不满，哭泣，不满，伤心，苦恼"的手势。

科学家们在与我们的近亲黑猩猩和倭黑猩猩寻找共通语言方面也取得了进展。肯兹住在美国艾奥瓦州的类人猿信托研究机构，据说它已经掌握了一个3岁小孩的交流技巧。它的饲养员们认为，他们已经能理解60～80种倭黑猩猩的手势，但这只是让他们像3岁的倭黑猩猩一样聪明。

　　除了灵长类动物，海豚也很聪明。它们是我们所知道

的唯一一种互相称呼名字的动物。它们可以自己组队，协调狩猎策略，它们可以使用工具，很长一段时间以来，我们认为只有人类才会使用工具。一位名叫丹尼斯·赫岑的非常聪明的科学家与一群大西洋斑点海豚生活了28年，他记录了它们的语言，并试图找到交流的方式。

随着时间的推移，海豚对它们的人类访客表现出了好奇，模仿他们的声音和姿势，并邀请人类加入它们的游戏。赫岑甚至为海豚做了一个水下键盘，这样它们就可以索要它们最喜欢的玩具了。赫岑认为，它们最终会给每个人类团队成员起一个"**海豚昵称**"，一种对它们来说独一无二的声音，海豚会模仿这种声音，并用它来邀请指定的人一起玩耍。所以，这意味着很快就会有一位科学家成为海豚的最爱，这是有史以来最伟大的成就之一。

赫岑希望开发这种键盘的可穿戴版本，称之为 CHAT（它代表了鲸类动物听觉和遥测能力，海豚属于鲸类动物），这将使他们能够双向通信，发送海豚理解的口哨，并翻译它们的回复。这就像穿了一套内置海豚翻译器的潜水服。

　　可悲的是，我们穿越了大半个宇宙，找到一个到处都是黑猩猩和顽皮的海豚的星球的机会非常渺茫。它更可能是完全陌生且截然不同的生物，但**很聪明**，比如章鱼。章鱼可以喷射墨水，伪装自己，并以能够拆散任何它们"触摸"到的东西而闻名。在加利福尼亚州的圣莫尼卡水族馆，两只章鱼连夜拆掉了水循环系统，第二天早上工作人员进来时，750升的水已经淹没了这座建筑。章鱼非常聪明，有一次，在布莱顿水族馆，一只章鱼离开鱼缸，穿过了房间，爬进了另一个鱼缸，把里面的鱼吃了，然后又溜回自己的鱼缸。最精彩的部分是，它还顺手关上了水箱的门，好像它从未离开过一样。

　　我的意思是，这真是太棒了，但我敢打赌你现在一定在紧张地回头看，怀疑是否有一只鬼鬼祟祟的章鱼在你身后爬行。为了与不同的智慧生命进行交流，我们已经做了很多工作，但我们对他们大脑内部的真实情况只有极少的了解。我们不知道他们是否有这样的"文化"——如音乐或故事。我们不知道他们是否可以像人类一样积累知识，或者他们的"语言"是否能传达人类语言所能传达的信息。我们当然不认为他们能识别氢的波长，也不认为他们能造出一台唱片机。这可能就是我们与外星人相处的结果：惊叹于他们的神奇，但却不知道如何与他们交谈。

一个满是章鱼的星球？ 这值得我们长途跋涉，对吧？

所以，
该怎么办？

嗯……

我想这似乎不是一个充满希望的结局。我的意思是章鱼的故事很棒，但其他的信息似乎仍然不是很有帮助。

我们不认为**太阳系**中存在什么生命。我们不认为我们会在附近的星球发现生命，即便有也不会有什么乐趣。如果我们真的在宇宙中找到生命，那也是非常遥远的地方，需要很久很久的时间才能到达。

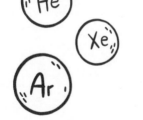

当我们遇到**外星生命**时，他们可能没有诞生智慧。即使他们有智慧，我们也很有可能无法理解他们。

在这本书的开头，我们谈到了德雷克方程，在这个方程中，我们用大数字乘以小数字来求得遇见外星生命的概率，然而有很多很多小数字。每一个都让整个问题变得更难以实现，更令人失望。

但是……

我们谈论的是整个宇宙。

所以，大数字是非常非常非常大的。

我们望远镜对准天空的一小部分，不到半个

星座的区域——实际上只是天鹅的左翼，可

能会有行星以正确的方式和适当的角度

旋转，这样我们就会注意到它们。我们

实际上也发现了数以千计这样的行星。我们

仍然没有放弃寻找，我们甚至还要再发射两架望远镜

去寻找。

是的，到达另一个星球将是一个令人难以置信的艰难旅程。但这也将是人类有史以来最伟大的旅程，而且出于最不可思议的原因。

什么是最棒的呢？就是现在。你生活在地球45亿年历史中最伟大的这50年，这个星球上有一种动物，聪明到足以理解太空，聪明到足以寻找外星生命，聪明到足以发出外星生命可能理解的信息，聪明到足以等待回信。

那就是你，你是聪明的动物。来自最聪明的星球。

你想给自己找一个大数字吗？

我们现在认为，每颗恒星周围至少有一颗行星。

在我们的银河系中有1000亿颗恒星。在可观测的宇宙中有1万亿个银河系。**这意味着我们可以看到宇宙中有10万亿亿个恒星，甚至还有10万亿亿个行星围绕它们运行。**

所以我还不能告诉你，你应该朝哪个方向挥手，向正在阅读本书外星版本的外星人致意。但我可以告诉你，向哪个方向挥手都可以。

无论你朝哪个方向看，在某个距离上，都会有一颗适宜生命存活的行星。**这些大数字实在是太大了。**

所以，向各个方向都挥挥手吧！

向漫天星空眨一下眼睛。

告诉他们你很快就会和他们联系的。

但一定要告诉他们不要光着身子来。那样会很尴尬。

关于作者

达拉·奥·布莱恩

达拉·奥·布莱恩（Dara Ó Briain）拥有都柏林大学数学和物理学学位，他是 BBC 最著名的科学类节目主持人之一。他主持的节目有《达拉·奥·布莱恩的科学俱乐部》（*Dara Ó Briain's Science Club*）、标志性的天文学节目《观星指南》（*Stargazing Live*）和《数学学堂》（*School of Hard Sums*）。他生活在英国伦敦，拥有一架天文望远镜，还有一张让他引以为傲的和登月宇航员巴兹·奥尔德林的合照。

我的科学笔记

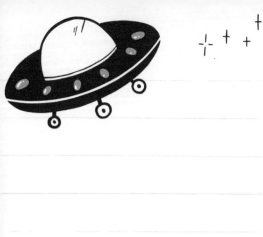

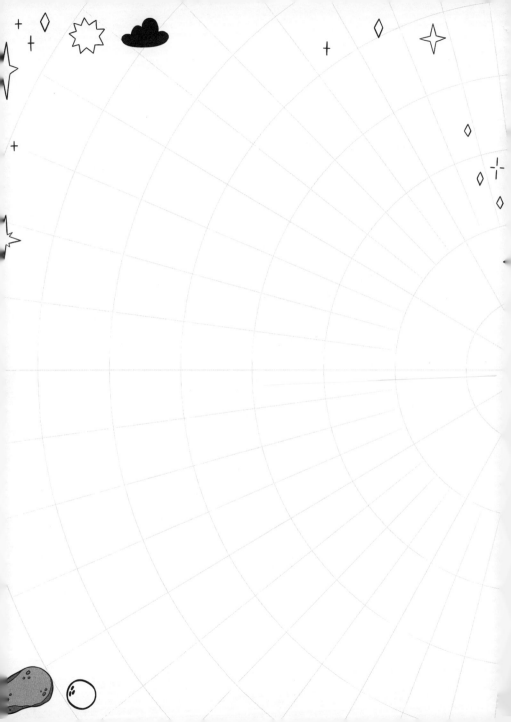